NOUVELLES ARCHIVES

DES

MISSIONS SCIENTIFIQUES

ET LITTÉRAIRES

CHOIX DE RAPPORTS ET INSTRUCTIONS

PUBLIÉ SOUS LES AUSPICES

DU MINISTÈRE DE L'INSTRUCTION PUBLIQUE ET DES BEAUX-ARTS

NOUVELLE SÉRIE

Fascicule 13

PARIS

IMPRIMERIE NATIONALE

MDCCCCXIV

NOUVELLES ARCHIVES

DES

MISSIONS SCIENTIFIQUES

ET LITTÉRAIRES

NOUVELLES ARCHIVES

des

MISSIONS SCIENTIFIQUES

ET LITTÉRAIRES

NOUVELLES ARCHIVES

DES

MISSIONS SCIENTIFIQUES

ET LITTÉRAIRES

CHOIX DE RAPPORTS ET INSTRUCTIONS

PUBLIÉ SOUS LES AUSPICES

DU MINISTÈRE DE L'INSTRUCTION PUBLIQUE ET DES BEAUX-ARTS

NOUVELLE SÉRIE

Fascicule 13

PARIS

IMPRIMERIE NATIONALE

MDCCCCXIV

RAPPORT

DE MISSION A MADAGASCAR

(30 OCTOBRE 1912 – 27 AOÛT 1913),

PAR M. JEAN GIRAUD,

PROFESSEUR ADJOINT
DE MINÉRALOGIE À L'UNIVERSITÉ DE CLERMONT-FERRAND,
CHARGÉ DE MISSION
DU MINISTÈRE DE L'INSTRUCTION PUBLIQUE.

Au mois de mai 1912, le Ministère des Colonies m'ayant chargé d'une mission d'études géologiques et minéralogiques à Madagascar, le Ministère de l'Instruction publique a bien voulu m'accorder une subvention sur les fonds de missions pour étudier plus spécialement les roches éruptives du Sud et de l'Ouest de la Grande Île, encore mal connues.

Parti de France le 30 octobre 1912, à bord du *Salazie*, des Messageries Maritimes, après le naufrage de ce paquebot, le 24 novembre, j'ai pu effectuer ma mission dans des conditions très pénibles, en partie pendant la mauvaise saison, mais d'une manière très profitable pour la science et aussi pour notre colonie.

C'est le résultat de mes observations et des études faites à mon laboratoire de la Faculté des Sciences de Clermont-Ferrand que j'expose dans le rapport ci-joint.

Mon éminent maître M. Lacroix, de l'Institut, professeur au Muséum, a bien voulu revoir mes déterminations; je suis heureux de lui en exprimer ma reconnaissance.

Je tiens à manifester toute ma gratitude pour la mission qui m'avait été confiée par le Ministère de l'Instruction publique et qui m'a permis d'apporter une contribution importante à la connaissance des roches éruptives, si nombreuses et si variées, de notre grande colonie de l'Océan Indien.

Clermont-Ferrand, le 18 mars 1914.

NOTES GÉOLOGIQUES

SUR L'ENSEMBLE DE LA RÉGION PARCOURUE.

Il convient de rappeler que Madagascar est formé par une arête médiane cristallophyllienne, arrivant, à l'E., jusqu'à la mer (sauf en quelques points où des lambeaux de terrains crétacés ont été signalés) et bordée, à l'O., par des terrains sédimentaires.

Je n'ai aucune observation nouvelle de quelque importance sur la nature ou la disposition des terrains cristallophylliens traversés et je me bornerai à renvoyer, pour ces parties, à mon rapport de mission de 1910-1911 (Archives du Ministère des Colonies).

J'ai montré que le Massif Central est limité à l'O. par une faille N. N. E. passant vers Sakamaningy, à l'E. de Ranohira, descendant au S. au confluent de l'Imaloto et de l'Onilahy, se continuant avec la même direction dans la haute vallée de l'Ienapera, puis s'inclinant à l'O. jusque vers la mare de Tsianapoty au S. de Betioky, et prenant une direction S. jusqu'un peu au N. d'Ampotaka sur le Menarandra.

J'ai poursuivi, en revanche, au N. de l'Onilahy et de Ranohira, jusqu'au N. d'Ankavandra et de Beravina-en-Terre, la limite du massif cristallophyllien et des terrains sédimentaires. Sur toute cette longueur, j'ai constaté que cette limite est une faille effondrant les terrains sédimentaires au pied de la bordure (Bongo-Lava) du massif ancien.

Contrairement à tout ce qui a été figuré sur toutes les cartes parues jusqu'à ce jour, cette limite n'est pas sinueuse et irrégulière, comme si le Massif Central existait déjà, tel qu'il est aujourd'hui, au moment du dépôt des sédiments des mers secondaires qui se seraient arrêtées à son pied. Elle est au contraire rectiligne, sur parfois plus de 100 kilomètres, et ne présente que de faibles sinuosités produites par des déviations, d'ailleurs peu accusées, de la faille principale.

Les sédiments jurassiques et crétacés pénétraient certainement sur les terrains cristallophylliens du Massif Central; les érosions les ont fait disparaître.

Ces failles se sont produites après le Crétacé et même après l'Éocène qui, à l'E. de Tuléar, vers Andranohinaly, bute par faille contre le Crétacé.

Des failles parallèles à cette grande faille-limite existent dans le S., vers Ranohira et Benenitra, et dans le Menabe. Il y a eu en outre des failles transversales, comme celles que j'ai observées au S. de la Tsiribihina et près de Bekodoka, qui croisent les premières.

Madagascar est bien formé par un « horst » central de terrains cristallophylliens, autour duquel des effondrements par failles se sont produits.

Dans le S., j'avais indiqué que la faille-limite, passant un peu à l'O. d'Ampanihy, descendait avec une direction sensiblement N. S., jusqu'un peu au N. d'Ampotaka, vers Evasy; de là elle s'inclinait vers l'E., pour passer tout près de Tsiombe, au S., et devait ensuite remonter vers le N. E. C'est, en effet, ce que j'ai constaté cette année. La faille passe au S. E. d'Antanimora, vers la rivière de Tsitevempoka et se dirige vers le massif de l'Ivohisiombe. Là, elle subit une forte déviation, prend une direction S. E., passe entre Behara et Ampotaka et vient rejoindre la mer à l'E. d'Andrahomanana. Les grès calcaires de Fort-Dauphin, assez semblables comme aspect à ceux du Faux-Cap, sont très probablement récents. Ils constituent un nouveau témoin de la récente émersion de la région, venant s'ajouter aux plages marines soulevées à 50 et 60 mètres vers Andrahomanana signalées par moi en 1911, et doivent être un simple placage sur le substratum gneissique qui se voit tout près de Fort-Dauphin, sur la route de Manambaro.

C'est la seule modification importante que j'aie à signaler au tracé que j'avais indiqué pour cette faille, en 1911, pour le S. de Ranohira.

Au N. de ce point, la faille se poursuit avec une direction S. N. Au début, vers Sakamaningy, il n'y a pas de dénivellation sensible des terrains triasiques de l'O., mais ensuite, sur plus de 50 kilomètres, la faille passe au pied de la falaise cristallophyllienne qui ne s'atténue qu'à la hauteur de Bekinana.

La faille passe à 4 ou 5 kilomètres à l'E. du confluent du Zomandao et du Mangoky, s'infléchit un peu vers le N. E. et reprend à peu près la direction N. pour aller passer à Miandrivazo, au pied même de la falaise de Bongo-Lava, puis à Ankavandra. Elle se continue, avec une légère déviation à l'O., vers Beravina-en-Terre, où elle passe tout près du pied de la falaise,

1.

dans la plaine. Je ne l'ai pas suivie plus loin au N.; mais je l'ai recoupée à Maevatanana, où elle traverse l'Ikopa.

Un pointement cristallophyllien existe vers Bekodoka, comme l'a indiqué M. Gautier. Le bord S. est limité par une faille sensiblement N. O., qui passe entre Ambararata et Bekodoka, à une heure de marche environ au N. d'Ambararata; puis, à 5 kilomètres environ à l'O. de Bekodoka, elle traverse le Sambao et se continue sous le massif de l'Ambohitrosy.

Au N., une faille à peu près E.-O., passant vers le village de Mahatsihazo, à 1 heure et demie au N. de Bekodoka, limite le lambeau gneissique qui bute contre le Lias supérieur. Cette faille E.-O. va passer aussi par la partie N. de l'Ambohitrosy. Ce massif éruptif se trouve donc situé sur l'angle aigu formé par les deux failles limitant le lambeau gneissique.

FORMATION GRÉSOSCHISTEUSE INFÉRIEURE.

Dans le S. O. et l'O. de Madagascar, le massif cristallophyllien se termine généralement, à l'O., par une falaise souvent escarpée, au pied de laquelle on observe une puissante formation grésoschisteuse, que nous avons attribuée, suivant les points, au Houiller, au Permien ou au Trias.

En réalité, l'âge de cette formation reste très **mal** connu. Des failles nombreuses viennent compliquer l'observation; les couches de base sont presque partout masquées et se trouvent souvent à de grandes profondeurs. Je ne les ai observées nulle part au N. de la région de Benenitra et je dois signaler une erreur assez grave, commise par M. Perrier de la Bathie qui, dans les fossiles communiqués à M. Zeiller, indique notamment que :

1° Les schistes gris foncés compacts (couches à reptiles au S. E. de Ranohira, sur la Sakaminga) sont à 5 mètres seulement de la base de la formation sédimentaire;

2° Les schistes argileux des bords de la Menamaty, près de l'embouchure de la Sakava, sont à 60 mètres au-dessus de la base.

Or, en ces deux points que j'ai visités et où, en 1911, j'avais signalé dans le premier des restes végétaux, il existe, tout près, la grande faille-limite qui fait buter les terrains sédimentaires contre les terrains cristallophylliens. A Sakamaniga (ou Sakamaningy), ce sont des grès et schistes gris qui, à mon estimation, *sont à*

500 mètres au moins au-dessus de la base, qui butent contre la faille.

La base de la formation se trouve vers Benenitra, à 250 mètres d'altitude au maximum, les schistes de Sakamaningy sont vers 850 mètres et le plongement des couches se fait vers l'O. N. O. J'ai relevé la coupe détaillée de Benenitra à Ranohira et je n'ai pas observé de failles transversales, qui peuvent cependant exister, mais qui ne sauraient donner de dénivellations importantes. M. Perrier de la Bathie n'a pas vu la faille-limite et ses évaluations du niveau des schistes par rapport à la base sont grandement erronées.

Les déterminations de M. Zeiller [1] pour ces schistes montrent qu'ils appartiennent au Trias; mais il reste au-dessous d'eux 500 mètres de grès et de schistes qui leur sont antérieurs. Or nous ne possédons que fort peu de données nous permettant de préciser leur âge. Les débris de reptiles et de végétaux trouvés par le capitaine Colcanap appartiennent déjà à un niveau élevé qui est celui de Ranohira ou peut-être même un peu supérieur.

Il sera possible de trouver des fossiles dans les schistes charbonneux de base, dans la région de Benenitra, notamment le long du petit ruisseau (Anarobe?) qui, du S. du village d'Andranovory (ou Ibekaka), va se jeter dans l'Imaloto, près de son confluent avec l'Onilahy. où les restes végétaux sont assez nombreux et assez bien conservés.

Je ne peux que maintenir les conclusions auxquelles j'arrivais en 1911 : le conglomérat fluvio-glaciaire de la base de la formation peut être assimilé aux tillites des formations glaciaires de l'Afrique du Sud et de l'Inde, dont l'âge Houiller supérieur ou Ouralien est définitivement admis.

Si nous nous reportons aux superpositions indiquées d'autre part (Étude des charbons de la région de Benenitra), nous voyons que les couches de base, avec « tillites », charbons et grès feldspathiques, ont une épaisseur de 200 mètres environ. Au-dessus, les grès blancs ou ferrugineux avec schistes rouges, parfois ardoisiers ou charbonneux, ont 200 mètres à 300 mètres. Les grès fins psammitiques micacés, verdâtres, avec schistes feuilletés (Niveau

---

[1] R. ZEILLER. Sur une flore triasique découverte à Madagascar par M. Perrier de la Bathie. (*C. R. Académie des Sciences,* 24 juillet 1911, p. 230.)

de Ranohira, du Menamaty), ont 200 à 300 mètres. Enfin les grès jaunes à mica blanc et les schistes jaunes de la Malio, Beroroha, ont 150 mètres à 200 mètres et doivent être au même niveau que les grès grossiers, les poudingues et les grès un peu calcaires qui, vers Ilakaka au S. O. de Ranohira, forment la partie supérieure de l'Isalo.

Dans ces conditions on peut admettre que :

1° Le système inférieur, avec « tillites », charbon et grès feldspathiques, de 200 mètres d'épaisseur, représente le Stéphanien (Ouralien);

2° Les grès blancs ou ferrugineux, avec schistes rouges, schistes ardoisiers et schistes charbonneux (couches supérieures de l'Ienapera), de 200 mètres à 300 mètres d'épaisseur, représentent le Permien;

3° Les grès psammitiques micacés, verdâtres, avec schistes feuilletés (niveau de Ranohira, de la Sakamena, du Menamaty), sont, comme l'a montré M. Zeiller, Triasiques. Les grès jaunes à mica blanc de la Malio, de Beroroha, sont aussi très probablement Triasiques, bien qu'un peu plus récents.

En réalité, ces divisions sont un peu artificielles, l'uniformité des sédiments indiquant la persistance de conditions semblables pendant la très longue période qui commence avec le Houiller supérieur et se continue pendant le Permien et le Trias.

Au début de cette période, la première qui ait laissé des sédiments non métamorphisés dans le S. et dans l'O. de l'île recouvrant directement les terrains cristallophylliens redressés, les conditions ont été assez différentes.

Dans les seuls points : confluent de l'Onilahy et de l'Imaloto et un peu en amont, vallée de l'Ankazomanga, affluent de l'Ibeandry, au S. de l'Onilahy, où j'ai observé la superposition directe, normale, sans faille, des terrains sédimentaires sur le cristallophyllien, c'est un conglomérat ferrugineux, à gros blocs, qui recouvre la surface irrégulière, rubéfiée, des gneiss.

Comme aucun géologue n'a encore vu et décrit ce conglomérat sur lequel on a cependant beaucoup discuté, je crois utile d'en fournir une description sommaire. La surface des gneiss, très irrégulière, est ferrugineuse, rubéfiée et recouverte comme d'un vernis brillant par une couche d'hématite. Au-dessus, sur une quinzaine de mètres, vient un conglomérat de couleur brune, formé par des blocs, parfois assez gros et dépassant 2 mètres cubes, mais généralement de 0 m. 40 à 0 m. 60 de côté, à arêtes souvent émoussées, parfois vives, disséminés sans ordre dans un ciment brun en surface, constitué par une pâte gréseuse grossière, avec galets généralement arrondis de dimensions variables. Beaucoup de blocs sont entourés par une patine ferrugineuse. Je n'ai pas observé de stries à leur surface, mais leur nature ne se prête guère à la formation ou à la conservation des stries, car ce sont des blocs de gneiss variés avec des quartz.

Ce conglomérat de base a une surface supérieure assez irrégulière, ferrugineuse, plus dure. Il est recouvert par des schistes durs, sur 0 m. 50, et des grès jaune verdâtre clair, assez fins (des restes de Vertébrés s'y rencontrent), avec des feuillets schisteux, durs, bien adhérents à la roche.

Au-dessus, vient un nouveau conglomérat qui débute par des grès schistoïdes bleus avec quelques blocs et dont la masse est formée par des blocs nombreux, anguleux, de dimensions variables, à arêtes généralement vives, disséminés sans ordre dans un ciment de grès grossier, ferrugineux, bleuâtre en surface, rempli de fragments de roches plus petits et ne paraissant pas orientés. Cette partie des conglomérats rappelle les dépôts glaciaires et peut être considérée comme une moraine à peine remaniée par les eaux. A la partie supérieure, elle supporte, par une surface très irrégulière, des grès et schistes verdâtres, des conglomérats à blocs roulés et, enfin, des alternances de grès, schistes et couches charbonneuses d'Ambohibaty.

On observe cette « tillite » supérieure dans deux voussoirs successifs séparés par des failles, du cours inférieur de l'Anarobe, sur la rive droite de l'Imaloto, dans un couloir resserré, près du confluent de l'Imaloto et de l'Onilahy, et enfin au confluent du ruisseau d'Ambohibaty et de l'Imaloto, où elle se développe sur plusieurs centaines de mètres, le long de l'Onilahy. Elle forme un barrage, vers l'embouchure du ruisseau d'Ambohibaty, et apparaît en saillie, au-dessus des grès auxquels elle passe latéralement.

Les caractères sont les mêmes sur la rivière Ankazomanga, un peu au S. du gué, en face du gîte d'étapes d'Ibeandry Ambany, et sur la rivière Ienapera.

Dans la région de Beroroha, les grès, qui ont plus de 400 mètres d'épaisseur (ils arrivent à 800 mètres environ au Tsiombyvohitra et ils commencent vers la cote 350), renferment de nombreux lits de poudingues, mais les formations sableuses sont rares.

Au N., au contraire, dans toute la région de Miandrivazo, Anka-yandra, Beravina-en-Terre, Morafenobe, Folaka, les couches de ce niveau, qui forment à peu près exclusivement tout le sol, sont surtout sableuses. On y observe des grès clairs, peu cohérents, sableux, avec rares bancs de grès ferrugineux durs, et surtout des sables tantôt argileux, de couleur brun rouge, tantôt bleuâtres et un peu marneux, tantôt blancs ou gris foncé. Ces grès tendres et sables bariolés renferment de petits lits de poudingues, parfois même des lits de galets, surtout quartzeux, assez gros. Leur épais-seur, dans le N. du Betsiriry, peut être évaluée à 100 mètres ou 200 mètres, mais les failles nombreuses ne permettent pas une éva-luation précise.

En trois points, j'ai observé la superposition des couches supé-rieures sur ces grès tendres et sables bariolés. Au N. de Mandabe, sur la route de Mahabo, à 14 kilom. 900, les sables argileux infé-rieurs supportent des grès bruns à grain fin et des grès calcaires à Bivalves du Bajocien. Une faille passant sensiblement par Ambon-drobe, au S. de Mandabe, effondre le compartiment N. par rapport au Tsiombyvohitra dont les couches gréseuses de la base de l'In-fralias dominent de plusieurs centaines de mètres la plaine d'effon-drement jurassique du Menabe.

La falaise qui domine le Betsiriry, à l'O. de Miandrivazo, et que l'on descend en venant de Begidro après avoir traversé le Bema-raha, est formée, à la base, par des grès sableux, des sables un peu argileux avec nombreux lits de galets roulés de quartz; puis s'intercalent dans les sables des lits marneux de plus en plus épais et même des lits calcaires en voie de dissolution, des grès cal-caires et des calcaires gréseux qui sont la base des calcaires fossili-fères du Bemaraha. Comme les premiers fossiles appartiennent au Bajocien, on peut admettre que la formation grésosableuse repré-sente ici l'Infralias et le Lias.

Enfin, au nord de Bekodoka, les grès sableux de la forêt de Tsitanandro, à trois heures de marche du village, supportent des grès calcaires et des calcaires renfermant des lumachelles de petites huîtres (*Liogryphea sublobata*) du Lias moyen ou supérieur. Ces couches forment la base des calcaires sublithographiques qui se développent ensuite jusqu'à Namoroka.

Ici, l'arri ée de la mer s'est produite avant la fin du Lias, tandis que, dans le Menabe, elle n'a lieu qu'au Bajocien, comme si la transgression venait du N.

Suivant les points, la formation des grès et sables bariolés représentera tout l'Infralias et le Lias, comme dans le Menabe, ou elle ne sera que l'équivalent de l'Infralias et du Lias inférieur, comme dans l'Ambongo.

Plus au N., les recherches du capitaine Colcanap et les déterminations de M. Thévenin nous ont fait connaître le Lias marin du Bouéni, et enfin M. Lemoine a montré que tout le Lias et même le Trias (M. Douvillé) étaient marins dans le N. de Madagascar. Ceci confirme donc l'hypothèse d'une transgression marine commençant au Trias dans le N., s'étendant au Lias dans le Bouéni, à la fin du Lias dans l'Ambongo et atteignant le Menabe au Bajocien.

Cette conclusion de l'âge infraliasique et liasique des grès et sables bariolés supérieurs avait été prévue, en 1904, par M. Douvillé (*B. S. G. F.*, p. 212).

OOLITIQUE INFÉRIEUR : BAJOCIEN, BATHONIEN, CALLOVIEN, OXFORDIEN.

Le Bajocien formé par des grès bruns à grains fins, des grès calcaires à nombreux Bivalves, peu déterminables (*Unicardium ? Rhynchonelles*) affleure, comme nous l'avons dit plus haut, au N. de Mandabe, vers le kilomètre 15, sur la route de Mahabo. Il supporte des grès jaunes, tendres, des grès durs plus foncés, des grès rougeâtres à grain assez gros, des grès sableux tendres et des calcaires gréseux jaunes qui, au kilomètre 23,500, renferment quelques Ammonites.

Au-dessus viennent des calcaires jaunes, un peu marneux, présentant des Astartés probablement Bathoniennes. Puis on voit des calcaires cloisonnés et des grès calcaires blancs. Les terrains sont ensuite masqués sur plusieurs kilomètres et, lorsque des affleurements reparaissent, ce sont des calcaires jaunes et des marnes brunes, renfermant, avec quelques Bélemnites, une riche faune d'Ammonites :

Macrocephalites transiens Waagen;
Perisphinctes cf. *indogermanus* Waag.;

P. subevolutus Waag.;

P. joarensis Waag.;

P. subrota Choffat;

Peltoceras arduennense,

qui se retrouve dans la *Dhosa oolite* de l'Inde et que l'on considère comme Oxfordienne.

Il est probable que les calcaires cloisonnés et les grès calcaires blancs ou jaunes, avec les terrains masqués par la latérite, représentent le Callovien.

Les calcaires jaunes et les marnes brunes de l'Oxfordien se voient assez longtemps en surface jusque vers le kilomètre 35. La plupart de ces formations de l'Oolite inférieure étaient déjà connues dans la région. M. Douvillé[1], dans la coupe relevée par M. Vuilliaume, entre Janjina et Morondava, signale des calcaires grisâtres, cristallins, et des grès calcaires avec *Trigonia* cf .*costata* et des Alvéolines, et, au sommet, des calcaires à *Nerinea bathonica*, représentant probablement le Bajocien et le Bathonien :

« Il est surmonté par des couches jaunâtres, grossièrement ooli-
« tiques, dans lesquelles on retrouve la faune étudiée par Fischer
« en 1873 (*Phylloceras Puschi*, *Ph.* cf. *Zignoi*, *Lytoceras Adelae*,
« *Astarte excavata*, *Sphæra madagascariensis* et nombreux Polypiers)
« et qui doit être du Bathonien supérieur. Dans cette même région,
« M. Boule a signalé des calcaires également jaunes avec *Macroce-*
« *phalites macrocephalus*, *Belemnites sulcatus*, *Phylloceras Puschi*,
« *Ph.* du groupe de l'*heterophyllum*, *Macrocephalites macrocephalus*,
« *Cosmoceras* cf. *calloviense*, Polypiers; cette faune a été rapportée
« au Callovien. »

Le niveau Oxfordien, cependant très riche, n'avait pas encore été signalé.

Une faille au S. de la Tsiribihina ramène, au N. de ce fleuve, les terrains oolitiques inférieurs qui étaient masqués au S. par les terrains du Jurassique supérieur et du Crétacé.

Tout le Bemaraha est formé par des couches de calcaires généralement sublithographiques, se débitant en grandes dalles, qui appartiennent toutes à l'Oolite inférieure. Les fossiles y sont rares, surtout vers la base. Ce sont d'abord les calcaires jaunes, compacts, durs, des berges de la Tsiribihina à Begidro, qui ont une épaisseur

[1] *B. S. G. F.*, 3ᵉ série, t. XXVII, p. 385-394, 1899.

de 5o à 6o mètres. Puis des calcaires gris un peu gréseux, renfermant des restes de Lamellibranches, ont une épaisseur d'environ 4o mètres. Au-dessus viennent des calcaires jaunâtres durs, sublithographiques (2o mètres); des calcaires blancs un peu gréseux, plus tendres (15 mètres), des calcaires blancs, tendres, formant un premier plateau, riches en calcite et renfermant des lits à lumachelles d'Huîtres et radioles d'Oursins, appartenant probablement au Bathonien (15 mètres), des calcaires durs, jaunâtres, sublithographiques (4o mètres), des calcaires jaunâtres, durs, à Oursins séparés par des bancs de calcaires grumeleux (4o mètres), des calcaires lithographiques jaunes (5o mètres), des calcaires avec Polypiers, des grès calcaires blancs, saccharoïdes, des calcaires à Echinides (8o mètres) et, enfin, des calcaires blancs, formant la partie supérieure du Bemaraha et renfermant de nombreuses Rhynchonelles *Rh. cf. Edwardsi* et *Rh. obsoleta*, bathoniennes.

Ainsi donc, dans le voisinage de la Tsiribihina, le Bemaraha est formé exclusivement, sur près de 3oo mètres, par le Bajocien et le Bathonien; beaucoup plus épais ici que plus au Nord.

Les fossiles déterminés par M. Douvillé[1] d'après les récoltes de MM. Mouneyres et Baron, dans une région du Bemaraha située à 6o ou 8o kilomètres plus au N., *Belemnopsis sulcata, Nerinea bathonica, Eopecten, Plagiostoma cordiforme, Pholadomya ovulum, Ph. angustata, Gresslya, Ceromya plicata, Terebratula fimbria, Rhynchonella* cf. *obsoleta, Rh. versatilis,* Polypiers, montrent que le Bemaraha est composé des mêmes assises dans les deux points.

C'est la même Oolite inférieure qui forme les « causses » entre Tsitanandro et Namoroko. Au-dessus des grès calcaires et des calcaires lumachelles à *Liogryphea sublobata* du Lias supérieur, viennent des calcaires sublithographiques en grandes dalles se développant sur une grande surface, puis des marnes et des calcaires sublithographiques avec rares *Rhynchonella Ferryi,* qui représentent le Bajocien; puis de nouveaux calcaires sublithographiques qui s'étendent jusqu'à Namaotra, des calcaires marneux jaunes, un peu oolitiques et des calcaires gris brun à Foraminifères, de nouveaux calcaires sublithographiques très puissants qui se continuent au N. de Namoroka et vont supporter les marnes et calcaires marneux aptiens.

[1] Sur quelques fossiles de Madagascar. (*B. S. G. F.*, 4ᵉ série, t. IV, 1904, p. 207.)

Dans les calcaires jaunes un peu oolitiques, M. Douvillé[1] signale d'après les récoltes de MM. Mouneyres et Baron, faites un peu à l'E. de mon itinéraire : *Flabellothyris dichotoma, Rhynchonella euryptycha, Rh. concinna, Cidaris* cf. *sublævis* et, d'autre part, *Trigonia costata, Lopha costata, Terebratula bradfordiensis,* race *aurata.* C'est l'équivalent du Callovien, de la *Golden oolite* de l'Inde.

On peut constater l'identité de faciès entre cette région des « causses » de l'Ambongo et celle du Bemaraha, pour l'Oolite inférieure.

Enfin, j'ai recoupé ces formations, dans le Boueni, entre Ankirihitra et Maevatanana. Ces couches formées surtout de calcaires en plaques ou en plaquettes, souvent marneux, de calcaires sublithographiques, ont été étudiées par le capitaine Colcanap[2]. Comme je n'ai pas recueilli de nouveaux fossiles dans ces couches, je me bornerai à renvoyer à son étude.

Je dois signaler, d'après une Ammonite qui m'a obligeamment été donnée par M. Cortade, administrateur des colonies, et qui est le *Perisphinctes balinensis* Neumayr, du *Polyphemus limestone* de l'Inde, l'existence de l'Oxfordien dans les environs de Betioky, au S. de l'Onilahy. Il est probable, bien que je n'aie pas de renseignements précis, que cette Ammonite provient des calcaires jaunes ou gris, parfois sublithographiques, que l'on traverse vers 5 kilomètres au N. de Betioky, sur la route de Tongobory. Le Jurassique supérieur a d'ailleurs été figuré, dans cette région, sur la carte du Pays Mahafaly par le capitaine Colcanap.

JURASSIQUE SUPÉRIEUR.

Dans cette région de Betioky, le Jurassique supérieur, au-dessus de l'Oxfordien, est probablement représenté par des calcaires durs, gris bleuâtre, des marnes bleues et des grès ferrugineux bruns assez grossiers (bifurcation des chemins de Tongobory et de Tuléar) et peut-être par des grès calcaires à débris de Gastéropodes (Nérinées).

Dans le Menabe, les calcaires jaunes à faune oxfordienne supportent vers le kilomètre 36, au N. de Mandabe, des calcaires gréseux fins, de couleur jaune verdâtre claire et des marnes jaunes,

---

[1] Douvillé, *loc. cit.*, 1904.
[2] J. Colcanap, Sur la géologie du Cercle de Maevatanana (*B. S. G. F.*, 4ᵉ série, t. VI, p. 164-170, 1906.)

des calcaires jaunes gris cloisonnés (à Androngory), puis des grès ferrugineux assez grossiers, des grès jaunes, fins, un peu calcaires, et des sables; puis, vers 14 kilomètres au N. d'Androngory, des calcaires siliceux blanc jaunâtre, des grès ferrugineux et des grès calcaires jaunâtres qui arrivent jusqu'à la rivière Andranoboka. On n'aperçoit ensuite aucun affleurement jusqu'à Hilaza, au N. de Mahabo, et ce sont alors les formations crétacées qui apparaissent. Il est probable que ces formations grésocalcaires qui surmontent l'Oxfordien représentent ici le Jurassique supérieur.

Le Jurassique supérieur est bien développé au S. de la Tsiribihina, entre Antsoa, Berevo et Begidro. Il est formé, à la base, par des calcaires jaunâtres, supportant des marnes brunes ou jaunes très puissantes, avec nombreux lits de gypse et renfermant des Bélemnites fortement canaliculées (*B.* cf. *Katrolensis* Waagen); *Liogryphea imbricata*, du Jurassique supérieur. Au-dessus viennent des calcaires gréseux gris bleuâtre, des grès ferrugineux à lits de galets roulés avec un banc de grès calcaire jaune intercalé, visible entre Berevo et Begidro, à la rivière Tsimaloto, à l'usine de caoutchouc; puis des sables épais supportant les grès ferrugineux, épais de 5o mètres environ qui forment les collines d'Antsoa, où M. Gautier signale des fossiles non encore publiés. Ces grès ferrugineux sont recouverts à l'E. d'Antsoa par une grande coulée de basalte à plagioclases et supportent sur le flanc N. du grand plateau de la Maugitraka, des marnes à Huîtres du Crétacé supérieur. Il est probable que, dans cette région, les grès ferrugineux d'Antsoa correspondent à la partie supérieure du Jurassique supérieur et probablement au Crétacé inférieur et moyen.

M. Douvillé[1] a reconnu dans les récoltes de MM. Mouneyres et Baron : *Lissoceras* cf. *Staszycii, Oppelia Kobelli, Belemnites claviger* provenant de grès et de calcaires jaunâtres de la base O. du Bemaraha, à Bekopaka, au N. du Manambolo. Il suppose, avec raison, qu'une faille, passant à l'O. du Bemaraha, abaisse le compartiment occidental et amène les couches du Jurassique supérieur au niveau de celles du Bajocien inférieur. Il est probable que les grès et calcaires jaunes de l'Androngory sont l'équivalent des couches fossilifères du N. du Manambolo.

Le même auteur a reconnu aussi, dans les calcaires intercalés au

---

[1] Douvillé, *loc. cit.*, p. 213, 1904.

milieu des grès, plus au N., vers la rivière Manambao, *Lytoceras rex*, *Perisphinctes* sp., *Liogryphea* cf. *lamellosa*. Ces fossiles se trouvent dans les grès de Katrol, dans l'Inde, que l'on range dans le Kimeridgien.

Dans le N. de l'Ambongo, le Jurassique supérieur doit recouvrir les calcaires oolitiques inférieurs de Namoroka. Des calcaires et des marnes supportent, à 3 heures au N. de ce village, des marnes et calcaires blancs à Bélemnites du Néocomien.

On observe les mêmes faits vers Andranomavo, où les marnes à Bélemnites néocomiennes recouvrent des calcaires sublithographiques corrodés en surface, qui représentent probablement aussi le Jurassique supérieur.

Il faut arriver ensuite au S. E. d'Ankirihitra, près du lac Andranomavo et du Tsitondroïna pour retrouver le Jurassique supérieur fossilifère, représenté par des grès marneux à Bélemnites allongées, sans sillon, et des marnes qui supportent la puissante formation sableuse avec intercalations de grès oolitiques (Ankararo) représentant ici l'Infracrétacé.

Le Jurassique supérieur de la région d'Ankirihitra a été reconnu par le capitaine Colcanap [1]. Il semble débuter par des calcaires zoogènes à petites Huîtres et Bivalves, et *Pygurus* cf. *Marmonti* du Callovien supérieur ou de la base de l'Oolite supérieure, puis viennent des calcaires marneux, des calcaires en plaquettes à petits bivalves et radioles d'oursins, des marnes à lits épais de gypse et des calcaires un peu oolitiques à Modioles et Astartés supportant les marnes supérieures, probablement néocomiennes.

ÉOCRÉTACÉ.

Il est probable, comme cela a été indiqué plus haut, que l'Éocrétacé, au S. de la Tsiribihina, entre Begidro, Berevo et Antsoa, est représenté par la partie supérieure — et peut-être la totalité — des grès ferrugineux si développés à Antsoa et qui supportent au plateau de la Mangitraka les formations du Crétacé supérieur. Ces grès, d'après M. Gautier, renfermeraient une faune qui n'est pas encore publiée.

Dans le N. de l'Ambongo, au N. de Namoroka, vers Bekotrobaka,

[1] COLCANAP, *loc. cit.*, p. 164.

Soalala, Hopy et, au delà de Sitampiky, la région de l'Ankarano, les formations éocrétacées sont très développées. Elles débutent, dans l'O. de cette région, par des calcaires marneux blancs, tendres, et des marnes renfermant des Bélemnites : *Pseudobelus semicana-liculatus*, des Serpules à tours enroulés dans un plan, des fragments de *Phylloceras*, qui appartiendraient au Néocomien supérieur ou à l'Aptien. A Andranomavo et plus à l'O., vers Hopy et Soromare, ces mêmes marnes très puissantes renferment : *Pseudobelus pistilliformis, Duvalia* cf. *dilatata*, représentant le Néocomien.

Ce niveau est intéressant au point de vue économique, car avec un peu de gypse, on y recueille des nodules très abondants, exploitables, renfermant 45 à 5o p. 1oo de phosphate tricalcique.

Cette formation inférieure est surmontée par des sables à l'O., par des grès ferrugineux puissants à l'E., formant les plateaux de la région Andranomavo, Sitampiky et dans lesquels sont intercalés à l'Ankarano, au S. E. de Sitampiky, des sables et des grès calcaires oolitiques fossilifères, où le capitaine Colcanap (*loc. cit.*, p. 167) a signalé : *Hoplites Euthymi* Pictet, *H.* cf. *Malbosi* Pictet, *Holcostephanus Atherstoni* Forbes, qu'il attribue au Berriasien.

Parmi les échantillons de ce gisement que je lui ai communiqués, M. Douvillé a reconnu : *Astarte Herzogi* Krauss, *Arca Kraussi* Tate, *Liogryphea imbricata* Krauss, tous fossiles de la *Uitenhage formation* de l'Afrique du Sud que l'on attribue au Barrêmien supérieur ou à l'Aptien.

Les sables de l'Ankarano ont une épaisseur minimum de 15o m. et semblent être, dans cette région, le dernier terme sédimentaire conservé. Au S., vers Beseva, l'Albien à *Acanthoceras mamillare* recouvre ces sables, d'après les observations du capitaine Colcanap.

Les déterminations de M. Douvillé des récoltes de MM. Mouneyres et Baron montrent que les grès de l'Eocrétacé se continuent au N. vers le lac Kinkony et sont recouverts, à Komihevitsy, par des calcaires fossilifères à riche faune albienne.

CRÉTACÉ SUPÉRIEUR.

Le Crétacé supérieur est depuis longtemps connu dans l'O. du Menabe, à l'O. de la chaîne du Bemaraha et aussi à l'E. de Tuléar.

J'ai montré, en 1911, que les formations crétacées du plateau

d'Andranovory, à l'O. de Bereketa, sont coupées, vers Andranohinaly, par une faille qui amène à leur niveau la partie supérieure
des couches éocènes. J'ai montré aussi que cette faille se prolongeait
au S. de l'Onilahy, où le plateau est formé à l'O. par l'Éocène, à
l'E., par le Crétacé.

Le Crétacé est particulièrement développé, sur les berges du
Menanrandroe, vers Lagniro, à l'O. de Betioky, où il est formé par
des grès tendres, alternant avec des argiles sableuses rouges à la
base, des calcaires sublithographiques, des marnes, des grès calcaires, des sables et des grès tendres à stratification entrecroisée,
appartenant probablement à l'Infracrétacé. Ce système inférieur
supporte une puissante formation de marnes gréseuses à la base,
brunes avec oolites ferrugineuses et lits gypseux à la partie supérieure, riches en grands Inocérames et renfermant une grosse Ammonite mal conservée, probablement *Puzosia Bihma* Stoliczka,
Forbesiceras Largillierti d'Orb., *Acanthoceras* sp. Ces fossiles, dont
quelques-uns sont phosphatés, appartiennent au Cénomanien. Ces
couches cénomaniennes disparaissent rapidement au S., où l'on ne
voit plus que l'Éocène transgressif.

J'ai observé un autre gisement de Crétacé supérieur au N. de
Mahabo, un peu au N. de la case de passage de la Mangitraka, au
S. d'Antsoa. Sur les grès ferrugineux du Jurassique et de l'Infracrétacé d'Antsoa, reposent, sur le flanc septentrional du plateau de
la Mangitraka, des grès calcaires et des calcaires blancs, des marnes
gréseuses, puis des marnes grises renfermant de nombreux fossiles :
Pycnodonta vesicularis, Arctostrea Defrancei, A. ungulata, qui
représentent la craie supérieure, probablement le Maestrichtien.
Les marnes supportent des calcaires jaunes, des calcaires blancs
en plaques et des calcaires blancs ou jaunâtres, durs, sublithographiques, avec rares Lamellibranches mal conservés, qui forment
le plateau. Toute cette masse représente sans doute le Crétacé
supérieur.

ÉOCÈNE.

Il existe une importante lacune entre ces dépôts du Crétacé supérieur et ceux de l'Éocène.

Dans la région de Tuléar, je n'ai pu observer la base des formations éocènes et peut-être la sédimentation y a-t-elle été continue.
Il n'en a pas été de même dans le S., où les dépôts éocènes, datant

du Lutétien, sont nettement transgressifs et reposent directement sur les formations cristallophylliennes.

Dans les environs immédiats d'Ampanihy, à l'O., on remarque une série de petits mamelons isolés, dont le sommet arrive sensiblement au niveau de la plaine d'Itrobeka qui s'étend très loin à l'O. et qui supporte le grand plateau calcaire.

Or ces mamelons sont formés, à la base, par des grès ferrugineux assez grossiers, reposant sur les gneiss, puis par des grès jaunes avec bancs un peu calcaires, des calcaires gréseux, des sables, des grès marneux; enfin, ils sont couronnés par des grès ferrugineux qui, avec les grès marneux, forment la plaine d'Itrobeka. Plus au S., au mont Emotombo, les grès ferrugineux sont plus développés.

La superposition des grès ferrugineux sur les gneiss s'observe en de nombreux points des environs d'Ampanihy; les témoins de l'extension de ces grès sont assez abondants et disséminés autour de ce poste. A une demi-heure à l'O. du poste, sur la route d'Itrobeka, on observe même un petit lambeau de grès psammitiques du Permien, pincé par failles, dans les gneiss, et très incliné, dont la surface avait été aplanie comme celle des gneiss et qui est recouvert en même temps que les gneiss par les couches à peu près horizontales des grès ferrugineux.

Les grès ferrugineux et les grès calcaires constituent la base du « Grand Plateau Calcaire », à l'O. d'Itrobeka, vers Ranohasy. Ce plateau, qui s'étend à l'O. de tout le Pays Mahafaly, est formé, à la base, par des grès calcaires, puis par des calcaires jaunes coquillers plus ou moins durs, qui se développent sur 40 m. de hauteur environ et supportent un banc coquiller à Cérithes indéterminables, puis des calcaires jaunes à vides ovoïdes qui sont peut-être des moules d'Alvéolines, et des calcaires jaunes avec lits bréchoïdes formant la surface du plateau. Toute cette formation est probablement Lutétienne, du même âge que les calcaires si développés à l'E. de Tuléar, renfermant des Alvéolines et des Nummulites et qui sont en continuité avec eux.

Il est intéressant de constater ici, comme l'a fait M. Lemoine dans le N., l'extension de cette transgression lutétienne qui a recouvert la pénéplaine mahafaly. Il faut noter aussi que cette région mahafaly avait été faillée et nivelée en pénéplaine avant l'Éocène, puisque les dépôts permiens, pincés par failles, ont été nivelés et recouverts par les dépôts éocènes. Des failles avaient pris naissance avant l'Éocène. A en juger par l'extension des restes de grès ferrugineux qui se retrouvent sur les gneiss à 5 et 6 heures de marche au N. E. et même à l'E. d'Ampanihy, on peut affirmer que la transgression éocène s'est propagée fort loin.

Dans le S., une nouvelle transgression se produit un peu plus tard à l'époque aquitanienne, comme le montrent les grès calcaires à Lépidocyclines que j'ai découverts en 1911 au Faux-Cap.

Depuis cette époque, il semble au contraire qu'il y ait eu régression graduelle de la mer, comme le prouve l'assèchement progressif de toute la région d'Ambovombe, l'existence de plages avec coquilles marines soulevées jusqu'à 50 m. au-dessus du niveau actuel, dans les environs d'Andrahomanana, et aussi l'existence de grès calcaires très récents et d'origine marine qui bordent les côtes jusque près de Fort-Dauphin et forment notamment le petit promontoire sur lequel est construite une partie de Fort-Dauphin et le fort Flacourt.

TECTONIQUE. —— FAILLES.

Nulle part je n'ai observé de plis; les couches sédimentaires restent planes avec une inclinaison de 10° à 20° suivant les points vers O. N. O. pour le système inférieur, de 5° à 10° vers N. O., pour les terrains secondaires, et une inclinaison plus faible ou nulle pour les couches éocènes.

Mais des dérangements locaux, au voisinage des failles, ou des inclinaisons plus fortes dans des compartiments restreints, peuvent s'observer.

Les failles, en effet, sont excessivement nombreuses dans le S. et l'O. de Madagascar. M. Douvillé, dans l'interprétation de la coupe qui lui avait été transmise par M. Vuillaume, avait dû en figurer à titre hypothétique.

Parmi ces failles, il y en a une, ou une série, particulièrement importante, c'est celle qui limite le massif cristallophyllien à l'O. Partout où j'ai vu le contact des terrains sédimentaires et du gneiss (sauf pour quelques points de la base du Houiller supérieur), ce contact se fait par failles.

La faille, rectiligne sur de grandes longueurs, qui sépare le massif ancien des terrains sédimentaires, se traduit très souvent par une falaise gneissique de parfois plusieurs centaines de mètres, dominant les plaines sakalava.

J'ai déjà indiqué, à propos du massif cristallophyllien, le trajet de ces failles. Je n'ai pas suivi la bordure du massif, de l'Ambongo à Maevatanana; mais, à Maevatanana, c'est bien un contact par faille, entre les gneiss et les terrains triasiques; il est à peu près certain qu'il en est de même partout.

De même, le massif cristallophyllien isolé de l'Ambongo, sur lequel est installé le volcan de l'Ambohitrosy, est limité, comme je l'ai montré, au N. et au S. par deux failles qui viennent précisément se rencontrer sous le massif éruptif et l'on peut, sans invraisemblance, admettre une relation entre les failles et les phénomènes éruptifs. J'ai signalé, en 1911, la faille de la vallée du Sakondry, séparant le Jurassique du Crétacé et jalonnée par des éruptions andésitiques au N., comme au S. de l'Onilahy, et aussi celle du plateau calcaire, vers Andranohinaly, abaissant les calcaires éocènes au-dessous des couches crétacées. Ces failles sont à peu près parallèles à celles qui limitent le Massif Central à l'O.

D'autres failles de même direction existent certainement, au N. de la Tsiribihina, à l'O. du Bemaraha, où elles abaissent les formations jurassiques supérieures et crétacées au-dessous du niveau des calcaires bajociens et bathoniens du Bemaraha. Des failles semblables, à peu près N.-S., sont fréquentes dans la région.

Il en est d'autres, de direction transversale, à peu près E.-O., comme celle qui, vers Begidro, au S. de la Tsiribihina, fait buter les couches du Jurassique supérieur et du Crétacé contre la base des couches bajociennes du Bemaraha. Il y a là une dénivellation qui atteint plusieurs centaines de mètres.

Enfin, dans le N. du Betsiriry et le Mailaka, entre Morafenobe, Ankavandra et Miandrivazo, je rappellerai l'abondance des failles, orientées entre N. O. et N. E., qui ramènent fréquemment au jour les couches du Trias, au milieu des formations grés-sableuses de l'Infralias et du Lias, et simulent, à cause du relèvement local des couches au voisinage de la faille, des anticlinaux, auxquels les chercheurs de pétrole attribuent une importance sans doute exagérée.

En résumé, Madagascar est formé par un « horst » résistant, le Massif Central, cristallophyllien, au pied duquel se sont effondrés, à l'O., les voussoirs faillés, encore recouverts de terrains sédimentaires.

Le régime des failles est la règle à Madagascar, je n'y ai jamais
observé de plissements.

ROCHES ÉRUPTIVES.

Les roches éruptives du S. et de l'O. de Madagascar appartiennent à des types assez variés puisque l'on y observe, outre les
roches granitiques : granites, granulites et pegmatites, les diabases
avec leurs formes effusives, labradorites, andésites, basaltes, des
microgranites, microgranulites, micropegmatites et des rhyolites;
des gabbros, des monzonites, des syénites et des troctolites et,
d'autre part, l'intéressante série des granites à aegyrine et des granites sodiques si développée dans le N. O. de l'île, comme l'a montré la magistrale étude de M. Lacroix.

Les roches granitiques et les diabases avec les andésites, labradorites et basaltes ne présentent rien de bien spécial. Ce sont des
roches banales, qui se rencontrent disséminées un peu partout;
nous les étudierons rapidement.

Les autres roches sont groupées dans les trois massifs importants : l'Ivohisiombe, dans l'Androy, au S., le Fonjahy dans le
Mailaka, et enfin l'Ambohitrosy dans l'Ambongo. Chacun de ces
massifs fera l'objet d'une étude spéciale.

ROCHES GRANITIQUES

J'ai fait ressortir, dans mon rapport de 1911, l'extrême rareté
des granites francs dans le S. de Madagascar; cette conclusion n'est
pas sensiblement modifiée par mes observations nouvelles.

Le seul échantillon de granite franc a été recueilli au S. d'Androka, au S. E. de Tsivory, au milieu des gneiss à mica noir, dans
lesquels il forme une bande très restreinte. C'est un granite un
peu gneissique où le mica noir forme de larges bandes épaisses
d'un demi-centimètre.

Les granulites et les aplites sont plus fréquentes. Mais les pegmatites surtout sont excessivement abondantes dans les gneiss. Très
fréquemment ces pegmatites sont graphiques. Parmi les plus inté-
ressantes, je citerai surtout celles d'Ambalatiefa, près d'Ampanihy,
avec leur quartz rose et les gros cristaux de tourmaline noire;
celles d'Itrongay au milieu des gneiss pyroxéniques, remarquables

surtout par les beaux cristaux d'orthose jaune limpide et transparente qu'elles renferment, avec un peu de béryl et de pyroxène vert. Je ne cite ici que pour mémoire les granites et pegmatites à aegyrine du massif de l'Ambohitrosy, qui seront examinées ultérieurement.

DIABASES ET ROCHES EFFUSIVES DÉRIVÉES.

Ces roches sont très répandues partout, notamment dans le pays Sakalava, au N. O. d'Ankavandra.

Diabases. — Les diabases sont de couleur foncée, généralement noir bleuâtre, à grands cristaux, visibles à l'œil nu ou à la loupe, de feldspath, de pyroxène. Très souvent la pyrite abonde, surtout dans les diabases du Fonjahy et de l'Ambohitrosy, où elle est visible à l'œil nu.

Elles s'altèrent en surface en donnant une masse amorphe ferrugineuse, qui entoure la roche saine d'une série d'enveloppes concentriques.

Les diabases se présentent généralement sous forme de filons volumineux, parfois considérables, et que l'on pourrait qualifier d'amas, tel celui qui, à 5 kilomètres à l'E. de Bemarivo, près de Morafenobe, forme une arête de plus de 100 mètres d'épaisseur et se poursuit sur plusieurs kilomètres. Mais, fréquemment, les filons de diabase n'ont guère plus de quelques mètres d'épaisseur. Très souvent, le grain de la roche est en rapport avec le volume du filon; il est d'autant plus gros que le refroidissement a été plus lent.

On peut distinguer deux types différents : 1° les diabases franches, généralement de teinte plus claire et un peu moins lourdes; 2° les diabases à olivine, souvent plus foncées, parfois à cassure cireuse.

1° *Diabases franches*. — Elles ont généralement une structure ophitique très nette; les grands microlites allongés de feldspath, maclés suivant la loi de Carlsbad ou suivant celle de l'albite, sont entourés de grandes plages de pyroxène qui se présente aussi en grains et parfois en grands microlites; la magnétite ou l'ilménite sont généralement abondantes; la pyrite est très fréquente.

Parfois, il subsiste un peu de verre qui entoure les feldspaths et la structure intersertale apparaît. Le verre est souvent assez abondant pour que l'on puisse observer les termes de passage aux roches effusives, andésites ou labradorites.

Les feldspaths se présentent parfois en phénocristaux de grande taille. Ils vont de l'andésine ou de l'andésine un peu basique (entre Miandrivazo et Ankavandra) au labrador (grand dyke au N. d'Ankondromena, au S. de Folaka.) Mais les phénocristaux sont plutôt rares et les feldspaths sont le plus souvent en microlites allongés, à macle de Carlsbad, parfois de taille différente, les plus fins étant plus acides et souvent localisés dans le verre (neck, montagne de 3oo mètres, au S. O. de Beravina-en-Terre). Les microlites sont de l'oligoclase-andésine, ou rarement de l'andésine-labrador.

Le pyroxène est de l'augite franc ou intermédiaire entre le diopside et l'augite. Il se présente parfois en grandes plages (montagne de 3oo mètres au S. O. de Beravina, sommet du Fonjahy), entourant les feldspaths et souvent maclé; les microlites de pyroxène sont alors allongés, maclés suivant h' et en forme de sagaie. Mais le pyroxène est le plus souvent en grains.

La magnétite est généralement abondante, soit en grains, soit en octaèdres nets; souvent elle est associée à l'ilménite.

Quelques diabases renfermant un peu de quartz primaire et sont des *diabases quartzifères* (au N. de Sahondry, à 6 heures au N. de Bekodoka et grande arête N. S. à l'E. de Bemarivo, près de Morafenobe).

Les éléments accessoires sont le sphène, l'apatite et surtout la pyrite, très abondante.

2° *Diabases à olivine*. — Elles sont plus largement répandues que les diabases franches. Tandis qu'elles sont rares dans la région de Tsivory, au S., elles dominent dans le Menabe, le Maïlaka.

Au microscope, les diabases à olivine ont à peu près les mêmes caractères que les diabases franches. De grands microlites allongés de feldspath, généralement maclés suivant la loi de Carlsbad, sont moulés par de grandes plages de pyroxène augite ou de diopside-augite (dykes, montagne de 3oo mètres au S. O. de Beravina), ou, plus souvent, entourés de grains du même pyroxène. Le pyroxène est parfois violacé et passe au titanaugite. Au milieu du pyroxène, sont disséminés les grains d'olivine. Les grains de magnétite sont abondants, généralement assez gros; le fer titané est souvent associé à la magnétite (dyke à 1 heure au S. de Morafenobe). L'olivine

est fréquemment altérée en bowlingite. L'élément accessoire le plus
fréquent est l'apatite, parfois le sphène.

Les feldspaths sont généralement plus basiques que ceux des
diabases franches. Ils sont formés par l'andésine, l'andésine-labrador, le labrador et parfois même le labrador-bytownite (Km. 83
au S. d'Ankavandra).

Lorsqu'il persiste un peu de verre, les fins microlites feldspathiques qui s'y rencontrent sont plus acides et peuvent arriver à
l'oligoclase-andésine.

Certaines diabases (flanc O. de l'Ambohitrosy) sont altérées,
chloritisées (pennine). L'ouralitisation est assez fréquente dans le
massif de l'Ambrohitrosy et au S. de Tsivory. Du quartz secondaire prend souvent naissance dans les résidus vitreux.

A part la région d'Antanimora-Imanombo-Tsivory, étudiée en
1911, où les diabases à olivine sont abondantes, elles sont rares
dans le reste du massif. Elles sont particulièrement abondantes
au N. d'Ankavandra, dans la région présumée pétrolifère et autour
du Fonjahy et de l'Ambohitrosy.

Dans le S., j'ai indiqué, en 1911, que les diabases, plus anciennes
que les rhyolites, traversent des calcaires d'âge probablement ter-
tiaire. Je ne peux apporter aucune précision nouvelle sur ce point.

Dans la région dite pétrolifère, les diabases traversent les formations grésosableuses qui s'étendent jusqu'au Lias moyen ou
même supérieur.

Au N. de l'Ambohitrosy, les diabases et les labradorites doléritiques qui leur sont associées traversent des calcaires bruns à Foraminifères du Lias supérieur. Je n'ai pas observé de contact de
diabase dans les terrains plus récents, mais les andésites et les labradorites traversent, plus au N., comme nous le verrons, les terrains
infracétacés.

ANDÉSITES ET LABRADORITES.

Elles se trouvent le plus souvent associées aux diabases, dont
elles représentent soit les formes de filons minces, soit les formes
effusives.

Ce sont généralement des roches de couleur foncée, noir bleuâtre,
à grain fin, ne présentant le plus souvent aucun élément discer-
nable à l'œil nu, sauf pour les roches situées à l'E. de Tsivory, où

l'on voit de très grands cristaux de feldspath, de parfois 3 à 4 centimètres de longueur, et d'autres cristaux également feldspathiques,
allongés, mais excessivement aplatis, ne dépassant pas 1 ou 2 milli-
mètres d'épaisseur pour une longueur de 2 ou 3 centimètres. Ces
grands cristaux blancs, noyés dans la masse noir bleuâtre, donnent
une roche fort belle.

Il est à peu près impossible, à l'œil nu, de séparer andésites et
labradorites, qui diffèrent surtout par la nature des feldspaths. On
observe, d'ailleurs, tous les termes de passage entre les diabases
dépourvues de verre, à structure ophitique nette, et les andésites
ou labradorites, nettement microlitiques, à verre abondant. Il existe,
en effet, des roches où la structure ophitique se manifeste encore
par l'allongement et l'enchevêtrement des microlites feldspathiques ou pyroxéniques; mais ces microlites sont disséminés dans
un verre plus ou moins abondant, qui révèle parfois une structure
microcristalline (labradorite en filons dans les gabbros du Fonjahy);
si les dimensions de ces cristaux augmentaient, on arriverait aux
diabases franches.

Nous pouvons distinguer deux séries parallèles à celles des diabases, d'après l'olivine.

1° *Andésites ou labradorites sans olivine.* — Elles sont généralement formées par des microlites allongés de feldspath : oligoclase
ou andésine-oligoclase pour les andésites, andésine ou labrador
pour les labradorites. Fréquemment, surtout dans ces dernières
roches, on observe deux groupes de microlites, les uns plus gros
et plus basiques, les autres, généralement postérieurs, plus fins et
plus acides. Les gros microlites jouent alors le rôle de phénocristaux qui existent assez souvent. Le plus bel exemple est celui des
andésites à très grands cristaux d'andésine acide qui se trouvent à
l'E. de Tsivory. Les phénocristaux sont souvent corrodés ou brisés
(Fonjahy) ou zonés et bourrés d'inclusions, comme ceux des labradorites du S. de Namoroka. On observe généralement les deux
générations de microlites dans les roches à tendance ophitique,
faisant le passage aux diabases.

La plupart de ces roches renferment du pyroxène, généralement
un diopside-augite, plus rarement un titanaugite (tombeau au N.
d'Ankisery). Le pyroxène est en plages, englobant les feldspaths,
dans les types ophitiques (entre le Fonjahy et Morafenobe), mais

le plus souvent en grains et rarement en bâtonnets (labradorites en filons dans les gabbros du Fonjahy). Quelquefois même, le pyroxène se présente en phénocristaux brisés (dykes dans les gneiss près d'Androka, au S. E. de Tsivory).

L'ouralitisation des pyroxènes n'est pas rare, mais elle est généralement partielle et limitée à la périphérie des cristaux.

La magnétite est toujours abondante, soit en grains ou en octaèdres plus ou moins gros, soit en baguettes formées par l'accolement, suivant un axe ternaire, de plusieurs cristaux (coulée de la rivière Kapily, au S. de Tsivory).

Le verre, plus ou moins abondant, peut avoir subi des modifications ultérieures ; la dévitrification peut se manifester seulement par une tendance à la texture sphérolitique résultant de l'apparition dans le verre de sphérolites à croix noire (andésite à grands phénocristaux à l'E. de Tsivory). Parfois aussi, probablement par un apport étranger, il s'est formé des bandes de quartz secondaire, ressemblant à du quartz granulitique (coulée d'andésite au S. de l'Ambohitrosy.)

Généralement, par altération, le verre se transforme d'abord en produits ferrugineux, en calcite, zéolites ; puis, ce sont les pyroxènes et, enfin, les microlites feldspathiques. Certaines de ces roches se présentent, lorsqu'elles ont subi une profonde altération, sous l'aspect de roches tendres, blanchâtres, que l'on pourrait confondre avec des rhyolites altérées, parfois même avec des calcaires.

2° *Andésites et labradorites à olivine.* — Ces roches sont généralement un peu plus foncées. L'olivine existe très rarement dans les andésites, ou plutôt on est porté à donner de préférence le nom de labradorite à celles de ces roches renfermant même des microlites feldspathiques acides, comme l'andésine, avec de l'olivine.

Les microlites feldspathiques sont généralement assez basiques (labrador), mais parfois plus acides et arrivant à l'andésine.

L'olivine en grains, ou parfois en cristaux, est souvent altérée en bowlingite ou en produits ferrugineux bruns.

Le pyroxène, généralement l'augite, plus rarement le titanaugite, existe dans toutes les labradorites à olivine.

La structure doléritique est fréquente dans ces labradorites à olivine, qui ne renferment souvent que très peu de verre.

Les andésites et labradorites ont la même extension géographique

que les diabases avec lesquelles elles sont presque toujours associées. Elles forment soit des filons minces (Amboatavo, au N. de
Tsivory et flanc méridional du Tsiombyvositra, filons près d'Andranomavo, filons des gneiss d'Androka, au S. E. de Tsivory), et
alors à structure microlitique nette; parfois, malgré l'épaisseur
faible, on constate une tendance à la structure ophitique comme
dans les filons de o m. 40 d'épaisseur seulement traversant les
gabbros du Fonjahy; soit des filons épais avec structure doléritique
(N. d'Ambohitralika, S. de Namoroka). Mais il peut arriver aussi
que la structure microlitique avec abondant résidu vitreux s'observe
dans des filons épais de plus de 20 mètres, comme celui d'andésite
pyroxénique qui forme une longue arête N.-S. à l'E. de Bemarivo.

Ces roches s'observent en coulées, intercalées dans les calcaires,
au N. N. O. de Ranomainty, au S. de Tsivory, dans une plaine
d'effondrement; des produits de projection se voient dans les calcaires. Des coulées d'andésite augitique vitreuse, avec parties quart-
zifiées secondairement, existent sur le flanc S. de l'Ambohitrosy et
aussi, à l'E. de ce massif, d'épaisses coulées de labradorite augitique.

Il ne m'a pas été possible de préciser la vraie nature des andésites augitiques à très grands cristaux de feldspath qui se voient à
l'E. de Tsivory. Il semble que l'on ait à faire à un neck considé-
rable et, probablement même, en rapprochant les phénomènes de
quartzification secondaire observés par M. Lacroix dans l'aiguille de
la Montagne Pelée de ceux que l'on peut constater dans cette
roche, on pourrait admettre que ce sont des roches de cheminée
d'un immense volcan, décapé par les érosions.

On ne peut fixer, d'une manière précise, l'âge de ces andésites
et labrodorites. Entre Tsivory et Ranomainty, on constate que les
andésites sont interstratifiées dans des calcaires qui en renferment
d'ailleurs des produits de projection. J'ai provisoirement rapproché
ces calcaires de ceux du Faux-Cap; les andésites seraient donc ter-
tiaires, aquitaniennes.

Les andésites traversent les grès et sables infraliasiques ou lia-
siques du S. du Maïlaka.

A l'E. du massif de l'Ambohitrosy, des labradorites pyroxéniques traversent des calcaires bruns à Foraminifères du Lias supérieur. Enfin, un peu au N. O. d'Andranomavo, des labradorites
augitiques à olivine traversent des marnes à Bélemnites du Néocomien.

On est donc certain que les éruptions d'andésites et de labradorites ont tout au plus commencé après le Lias inférieur, se sont
poursuivies au moins jusqu'au Néocomien dans le N., le Boueni,
jusqu'au Crétacé supérieur à l'E. de Tuléar et probablement jusqu'à
l'Aquitanien dans le S.

BASALTES.

Les basaltes étudiés sont les formes microlitiques des diabases
basiques à olivine, auxquelles ils se rattachent par des formes
intermédiaires à grands cristaux et à verre très peu abondant.

C'est dans les filons minces que les basaltes ont leurs caractères
normaux (dyke dans les gneiss à 8 kilomètres à l'O. d'Antanimora, filon N.-S. à 5 kilomètres S. O. de Beravina, filon N.-O.
à 1 heure et demie au N. O. de Morafenobe, dyke N.-E. dans les
grésoschistes à 1 heure et demie au N. du Ranobe); les mêmes
caractères se retrouvent dans les coulées (coulée à 3 h. 45 au N. O.
de Morafenobe près du Manambao, au pied S. E. de Fonjahy,
grande coulée à 1 heure à l'E. d'Antsoa, sur les grès du Jurassique
supérieur).

Dans les dykes, les basaltes ont un verre brun abondant dans
lequel sont disséminés des microlites fins et étroits de labrador, des
grains de pyroxène, d'olivine généralement altérée et des grains de
magnétite.

La grande coulée d'Antsoa, au S. de la Tsiribihina, renferme
des phénocristaux de bytownite basique (macles de Carlsbad et de
l'albite) corrodés, des microlites nombreux d'andésine, des grains
irréguliers très abondants de pyroxène, un peu d'olivine altérée et
de la magnétite; le verre est peu abondant.

Dans les filons ou necks épais, le nombre et la taille des microlites augmentent en même temps que le verre tend à disparaître.
Le grand dyke du village de Belanjo, au N. O. de Beravina-en-
Terre, est formé de grands microlites de labrador, de cristaux et de
grains d'olivine et de grains de magnétite, englobés dans des cristaux ou de grandes plages d'un pyroxène titanaugite, violacé en
coupe mince. Le verre est très rare, la roche a une tendance à la
structure ophitique. Ce basalte fait le passage aux diabases à olivine.

La structure doléritique avec tendance ophitique se retrouve
dans la plupart des filons épais (dykes dans le gneiss au S. de
Mahaly, neck N.-O. en saillie sur 300 mètres à 2 heures N.-E. de

Folaka, dyke dans les grésoschistes au N. d'Androto, près de Morafenobe).

Les basaltes francs, les basaltes riches en feldspath comme les basaltes doléritiques, se trouvent dans les mêmes régions, Tsivory, N. d'Ankavandra, que les diabases et les andésites. Nous devons signaler seulement les filons dans les gneiss à l'O. d'Antanimora et la grande coulée, un peu à l'E. d'Antsoa, au voisinage d'une faille effondrant le compartiment méridional. Cette coulée est une des rares manifestations éruptives que l'on peut observer dans cette région.

GABBROS.

J'ai rencontré les gabbros en trois régions différentes : au S., vers les rivières Volovolo et Bevinda, à l'O. d'Antanimora, entre le Manambovo et Bekitro; dans le Mailaka au massif du Fonjahy qu'elles forment en grande partie; enfin, dans l'Ambongo, dans la région de l'Ambohitrosy.

Ce sont des roches de couleur assez claire, à grands éléments, généralement en massifs étendus. Toutes ces roches se sont consolidées en profondeur, probablement dans des laccolites et n'ont été mises à jour que par les érosions ultérieures. En quelques points, elles forment des filons traversant d'autres roches ou même, exceptionnellement, des grès (3 kilomètres au S. du plateau oriental de l'Ambohitrosy), mais alors la structure grenue n'est plus nette, elle tend à devenir ophitique et la roche fait la liaison entre les gabbros et les diabases. Il est intéressant de constater la présence de ces roches, qui permettent d'établir les parentés entre les différents groupes : les gabbros représentant les masses laccolitiques profondes, les diabases ophitiques les formes de filons épais et les andésites, labradorites et basaltes, les formes effusives.

Les gabbros francs sont formés par la juxtaposition de grands cristaux de feldspaths généralement basiques, allant de l'oligoclase-andésine au labrador basique et, exceptionnellement, à la bytownite, maclés suivant les lois de Carlsbad et de l'albite, des cristaux de diopside-augite souvent en grandes plages avec plans de séparation, un peu de magnétite ou d'ilménite. Très souvent l'olivine existe en grands cristaux, fréquemment altérés et transformés en talc avec squelette de magnétite. L'olivine est souvent le premier élément consolidé et se trouve englobé par les autres cristaux. On observe en outre assez fréquemment le mica noir, et, comme élément accessoire, l'apatite. Le pyroxène est souvent ouralitisé et transformé en amphibole brune.

Parmi ces gabbros francs, on peut distinguer plusieurs variétés. Le gabbro des rivières Volovolo et Bevinda, à l'O. d'Antanimora, forme un grand massif ayant l'aspect d'une masse de pegmatite, en raison de la taille des éléments. Certaines parties ne sont formées que de très grands cristaux de labrador avec rares paillettes de mica noir et sont des *anorthosites* ou des *plagioclasites*. Mais des nodules parfois volumineux d'un diopside-augite s'isolent dans la masse. Il est intéressant de constater les phénomènes d'exomorphisme produits par ces gabbros sur les gneiss enchâssants. Ces gneiss prennent l'aspect pegmatitique et renferment, jusqu'à plusieurs mètres des gabbros, des nodules de diallage et de titanomagnétite parfois très volumineux et plus gros que la tête.

Dans le massif du Fonjahy, presque exclusivement formé par des gabbros recouverts encore sur quelques points par les grès et les schistes au milieu desquels ils se sont consolidés, on peut distinguer plusieurs types :

1º Des gabbros assez foncés, à grands éléments, constituant la partie orientale du massif et qui sont formés de labrador, d'augite ouralitisé et de mica noir. Ces gabbros sont traversés par des filons de labradorite pyroxénique. A ce type appartiennent les gabbros en grande masse du centre du Fonjahy, vers la dépression médiane, traversés eux aussi par des filons de labradorite et qui sont formés de pyroxène en grandes plages avec bytownite abondante et un peu de magnétite.

2º Des gabbros à olivine, de couleur claire, qui supportent le signal placé sur le point culminant, à 745 et sont formés par de grands cristaux de bytownite, de pyroxène et d'olivine. Ces gabbros sont au voisinage de troctolites qui ont le même aspect et auxquelles ils passent par disparition du pyroxène. Ils se prolongent au N. par des gabbros à grands cristaux de labrador basique limpide, de pyroxène, d'olivine avec un peu de magnétite. A côté de ces gabbros qui présentent la structure grenue très nette, il en est d'autres qui, bien que formant de grandes masses, ont une tendance à la structure ophitique, par la coexistence de phénocristaux et de grands microlites d'andésine-labrador, dans des plages de pyroxène ouralitisé, avec mica noir, ilménite, apatite. C'est le cas pour le gabbro bleuâtre, à grands éléments, qui se trouve dans la partie occidentale du massif et qui est traversé par de nombreux filons N.-S. Une surface dénudée de plus de 100 mètres carrés permet leur observation. Un petit filon, de quelques centimètres, de labradorite augitique se voit d'abord; un peu plus loin, un petit filon irrégulier de gabbro plus clair à structure ophitique grenue, formé de cristaux d'andésine-oligoclase dans de grandes plages de pyroxène ouralitisé, avec ilménite et apatite. A quelques mètres est un filon de o m. 70 d'une labradorite ophitique, avec salbandes plus foncées, à grain plus fin; et enfin un petit filonnet de gabbro formé d'andésine-labrador, de pyroxène abondant avec de l'amphibole d'ouralitisation, de l'olivine transformée en talc et en aiguilles ou en grains de magnétite, du mica noir, de l'apatite et du sphène. Mais la structure de cette roche est plus rapprochée de celle des ophites que de la structure grenue et on pourrait aussi bien la qualifier diabase à olivine que gabbro à olivine.

Dans le massif de l'Ambohitrosy, du gabbro existe au milieu des granites sodiques, dans la partie orientale, mais la végétation a empêché d'observer les rapports exacts des deux roches; il semble bien cependant que le gabbro traverse le granite. C'est une roche n'ayant pas la structure grenue nette mais plutôt une structure ophitique.

Elle est à grands éléments et formée de grands microlites d'andésine-labrador dans les plages de pyroxène avec hornblende d'ouralitisation, mica noir et un peu d'ilménite.

Sur le versant méridional du grand dôme de l'Ambohitrosy, inaccessible de ce côté, de gros blocs qui paraissent éboulés de ce dôme sont formés par un gabbro clair à grands éléments, dont le pyroxène est ouralitisé et qui sont traversés par une diabase plus foncée également ouralitisée.

A 3 kilomètres au S. du plateau oriental de l'Ambohitrosy, de gros filons de gabbro traversent les grès du substratum du massif. Ce sont des gabbros à grands éléments dont la structure est intermédiaire entre les structures grenue et ophitique, formés de grands cristaux de labrador-bytownite et de cristaux plus petits d'andésine, avec pyroxène abondant, olivine et ilménite; l'olivine a été le premier élément consolidé et se trouve dans les feldspaths et le pyroxène.

Enfin, à 3 heures et demie au N. de Bekodoka, à l'E. de la partie septentrionale de l'Ambohitrosy, sur le bord du grand plateau, vers la rivière Bebakoly, affleure un grand massif de gabbro grenu, à petits éléments, formé de grands microlites de labrador basique, de pyroxène, d'olivine altérée en talc, de magnétite avec un peu d'apatite.

TROCTOLITES.

Les troctolites ont été signalées par M. Lacroix, en 1907 (*Bulletin de la Société française de Minéralogie*), au monticule de l'Anabohitsy, en pays mahafaly. Ce monticule qui se trouve à 3 heures et demie de marche environ au S. d'Ampanihy, a l'E. du chemin d'Ampotaka, a une forme allongée N. E.–S. O., avec 150 mètres environ de longueur, 30 mètres de largeur et 25 mètres de hauteur au-dessus de la plaine. Il est prolongé au N. E. et au S. O. par des monticules plus petits.

La colline de l'Anabohitsy est entièrement constituée par une troctolite de couleur foncée à grands éléments. Cette troctolite est grenue et formée par de grands cristaux de labrador maclés suivant la loi de l'albite et bourrés d'inclusions allongées qui paraissent être de l'ilménite, de grands cristaux d'olivine avec parties altérées en bowlingite, de pyroxène diopside-augite, de paillettes de mica noir fréquemment incluses dans le feldspath, et de gros grains peu abondants d'ilménite. La roche est entourée de gneiss à nombreux filons de pegmatite.

Un peu à l'O. de la base des escarpements de troctolite, j'ai recueilli une roche noire, lourde, à grain plus petit et qui est une *pyroxénite à olivine* grenue, formée d'augite, d'hypersthène, d'olivine en partie altérée en bowlingite et d'ilménite très abondante. Cette pyroxénite est associée à la troctolite, bien que je n'aie pu fixer leurs relations exactes. M. Lacroix prévoyait, en 1907, d'après la troctolite, l'existence, dans le massif, de péridotites du type Wehrlite; la pyroxénite à olivine en est voisine.

J'ai en outre observé des troctolites au sommet du Fonjaby, mais là, elles apparaissent simplement comme une différenciation locale des gabbros à olivine qui forment la plus grande partie du massif.

Une notable portion de l'arête méridionale du Fonjahy, à l'E. du signal 745, est constituée par une roche gabbroïde claire, à grands éléments, qui, à la suite des altérations superficielles, se creuse de sillons séparés par des arêtes aiguës, rappelant les formes topographiques d'une région dénudée et très profondément érodée, rapportées sur un plan en relief à échelle des hauteurs un peu exagérée. C'est une roche grenue, formée d'andésine basique et d'olivine, c'est-à-dire une *Troctolite* ou *Allivalite*. Mais, sur le terrain, on observe le passage graduel au gabbro normal par l'apparition de pyroxène et il serait impossible de tracer une ligne de démarcation nette entre les deux roches.

MONZONITES OU ROCHES MONZONITIQUES.

Entre l'Ambohitrosy et Bekodoka, au N. du Sambao, est un grand plateau formé de grès au milieu desquels affleurent des blocs d'une roche grise, à grain assez fin, profondément altérée en surface, à structure ophitique, formée de grands microlites de feldspath basique trop altéré pour être déterminé, de pyroxène, un peu de quartz et de magnétite. C'est une roche du groupe des monzonites, dont il ne m'a pas été possible de préciser les conditions de gisement; elle traverse les grès du Lias inférieur.

Dans le massif de l'Ambohitrosy, sur le flanc N. du mamelon médian, un granite sodique renferme de très nombreuses enclaves de couleur foncée d'une autre roche monzonitique, formée de grands cristaux d'oligoclase-andésine, de pyroxène, un peu de quartz, avec parties écrasées, à structure cataclastique, formées des mêmes éléments entourant les cristaux ou en séparant les fragments. Il est probable que ces enclaves monzonitiques proviennent des parois du massif qui enveloppait les granites sodiques.

TRACHYTES.

Au N. de Morafénobe, à une heure de marche du Manambao, on observe, au milieu des grès, un grand neck en saillie sur plusieurs centaines de mètres, orienté N. N. O., formé par une roche gris clair, à grain très fin qui, au microscope, montre une structure intermédiaire entre les roches grenues et les roches microlitiques. Il existe un peu de verre et les cristaux généralement allongés ont l'aspect de grands microlites; les feldspaths, bourrés d'inclusions, sont de l'oligoclase-andésine; il y a du quartz et une amphibole brune en baguettes. Cette roche fait le passage des syénites aux trachytes alcalins quartzifères.

MICROGRANITES. MICROGRANULITES. MICROPEGMATITES.
RHYOLITES.

Microgranites. — Ces roches ont éte observées en deux régions distinctes : vers Tsivory et dans le massif du Fonjahy.

Au S. de la rivière Tamo-Tamo, des collines orientées E.-O. sont formées par une roche foncée, à grain assez gros, qui semble constituer un massif intrusif dans les gneiss.

Au microscope, la roche microlitique passant à la structure grenue est formée de phénocristaux limpides d'oligoclase-andésine dont les clivages ou les cassures sont remplis de petits cristaux de pyroxène avec quelques microlites d'oligoclase, disséminés dans une masse microgrenue, à éléments assez gros, composée de petits grains de quartz et de pyroxène avec cristaux de feldspath semblant formés de fibres rayonnantes mais qui s'éteignent en bloc comme un cristal unique; à un plus fort grossissement, ces cristaux se résolvent en associations micropegmatitiques de feldspath et de quartz. Cette roche est un microgranite pyroxénique à structure micropegmatitique.

Au S. de Tsivory, près des tombeaux, dans la plaine d'effondrement à l'O. de l'Ivohisiombe, on voit des roches claires intrusives dans des calcaires, qui sont encore des microgranites formés par une masse spongieuse, à tendance sphérolitique, d'orthose et de quartz avec un peu de magnétite. Ces roches sont en rapport avec des rhyolites, dont elles ne paraissent être qu'un facies de filon épais.

Dans le massif du Fonjahy existent des microgranites francs, vers 500 mètres d'altitude, au sommet de l'arête qui relie la partie orientale du Fonjahy au Manambao; la partie moyenne de cette arête est en micropegmatite. Il n'y a pas de démarcation nette entre ces deux roches qui paraissent être des structures différentes d'un même magma. Le microgranite du sommet de l'arête orientale du Fonjahy est une roche grise, à grain assez gros, dans laquelle on distingue facilement à l'œil nu les cristaux de feldspath et de quartz. Au microscope, elle est formée de grands cristaux d'orthose et de cristaux plus

3.

petits de quartz, disséminés dans une masse d'orthose et de quartz en association micropegmatitique ou dentelliforme.

Au pied de cette arête, près du Manambao, on observe aussi ces microgranites, qui ont subi des modifications assez profondes au voisinage d'un filon d'andésite pyroxénique qui les traverse. Au contact de l'andésite, les microgranites formant neck sont à petits éléments, la couleur est à peu près celle du microgranite du sommet du Fonjahy. Au microscope, on observe de très nombreux squelettes de cristaux de feldspath entourés d'une masse micropegmatitique, avec quelques quartz ressemblant à des quartz granulitiques. Il semble que la roche ait été fondue en partie et qu'elle ait recristallisé.

Après ce microgranite, en s'éloignant du filon d'andésite, vient une autre roche à plus grands éléments, à grands feldspaths, avec cristaux de quartz visibles à l'œil nu. Au microscope, on ne voit plus de squelettes de feldspath, mais des îlots de quartz granulitique, peu nombreux, sont entourés par les parties micropegmatitiques qui dominent. Les îlots de quartz granulitique apparaissent comme un quartz de néoformation qui se serait isolé et aurait cristallisé sous l'action du filon d'andésite.

Enfin, en dehors, est une roche blanche, ayant l'apparence d'une pegmatite et qui, au microscope, est formée de grands cristaux de feldspath, d'îlots de quartz granulitique très développés, qui forment la plus grande partie de la masse, tandis que la partie micropegmatitique est très réduite.

Sous l'action du filon d'andésite pyroxénique, le microgranite a donc subi des phénomènes de fusion partielle et de recristallisation au contact; un peu plus loin, il s'est développé des îlots secondaires de quartz granulitique qui sont plus importants encore dans la partie plus éloignée du filon intrusif.

Microgranulites. — Je n'ai observé de microgranulites que dans la région de Tsivory; leur mode de gisement reste douteux.

Un affleurement apparaît, au milieu des rhyolites, entre Ankazomena et la rivière Tsivory, au S. E. de ce poste. C'est une roche formée de grands cristaux de quartz, parfois dihexaédriques, et de feldspath orthose pénétré d'albite, avec zircons altérés, dans une masse finement grenue composée des mêmes éléments.

D'autres affleurements existent ensuite dans la partie comprise entre la rivière Tsivory, le chemin de Mahaly et le poste de Tsivory. Ces roches apparaissent au milieu des rhyolites, mais sont généralement très altérées. Un large pointement se montre sur plusieurs kilomètres, un peu au S. du village de Belavalena, jusqu'à la rivière Tsivory. A l'œil nu, la roche est grise avec grands cristaux de feldspath et de quartz. Au microscope, elle se montre formée de grands cristaux de quartz dihexaèdriques, parfois corrodés, de cristaux constitués par une microperthite d'orthose et d'albite, dans une masse spongieuse à structure micropegmatitique comprenant les mêmes éléments avec grains de pyroxène et de magnétite.

Micropegmatites. — L'arête qui limite la plaine de Tsivory au S. de Tamo-Tamo et qui, à l'E., est formée de microgranite, présente à l'O., au point où le chemin franchit cette arête, une micropegmatite blanche à grands éléments, intrusive dans les gneiss à pyroxène.

Au microscope, cette roche est formée de grandes plaques de labrador-bytownite, englobant des grains et de grands cristaux de quartz, avec un verre tantôt inactif et jaune, tantôt partiellement dévitrifié.

Les autres micropegmatites recueillies proviennent du Fonjahy ou de l'Ambohitrosy.

Les micropegmatites du Fonjahy sont des roches grises à grain assez fin ; elles forment des masses intrusives ou des filons épais.

L'arête plusieurs fois mentionnée déjà, qui relie la partie orientale du Fonjahy au Manambao, est formée, dans sa partie moyenne, de micropegmatite recouverte par des grès et des schistes. La roche est formée de cristaux d'orthose et de quartz en association micropegmatitique avec des sphérolites à croix noire.

Au sommet de la même arête, au voisinage du microgranite qui paraît n'être qu'une différenciation locale, la micropegmatite, à éléments plus grands, est formée de phénocristaux d'orthose avec albite craquelés et altérés, dans une masse résultant d'une association micropegmatitique, dentelliforme, de quartz et d'orthose avec quelques paillettes de mica, un peu d'apatite et de magnétite en baguettes. Cette micropegmatite est séparée des gabbros de la masse du Fonjahy par des grès, des quartzites et des schistes.

Entre Morafenobe et le Fonjahy, au pied S. de l'Andriabe, qui

paraît constitué par cette roche, est une grande masse de micropegmatite intrusive au milieu des grès qui sont traversés par des
filons plus minces de rhyolites. Cette micropegmatite altérée, avec
calcite, est formée de grands microlites feldspathiques altérés, de
quartz, avec grains ou petits cristaux allongés de pyroxène altérés.

Au S. du Manambao, à 2 heures à l'E. d'Ambalarano, un grand
neck qui se poursuit sur plus de 20 kilomètres de longueur et
une épaisseur d'au moins 40 mètres, est constitué par une rhyolite
blanche à la périphérie, mais le centre, de couleur gris bleu, est
une micropegmatite riche en plagioclases, semblable à la pré-
cédente. Elle est formée de nombreux et fins microlites feldspathiques, de quartz, un peu de pyroxène très altéré en calcite.

Il est intéressant de constater, sur cet immense filon, que la
micropegmatite est aux rhyolites ce que les diabases sont aux andésites ou aux labradorites; c'est la forme de massif ou de filon épais
des rhyolites. Les parties superficielles ont la structure microlitique
franche et sont des rhyolites; les parties profondes, refroidies plus
lentement, sont des micropegmatites.

Je n'ai pu observer nulle part, au Fonjahy, les relations de ces
roches avec les gabbros. Les microgranites ou micropegmatites sont
traversés par des andésites ou des labradorites qui dérivent des
gabbros, mais je n'ai pas vu de roches microgranitiques en rapport
avec les gabbros.

Dans la région de l'Ambohitrosy, j'ai observé une micropegmatite micacée, en place, entre les deux montagnes qui forment
la partie occidentale du massif (entre A et B du croquis); mais la
végétation ne m'a pas permis de voir les relations de ces roches
avec les granites sodiques.

RHYOLITES.

J'ai montré, en 1911, le rôle prépondérant joué dans le massif
de l'Ivohisiombe, entre Tsivory et Ranomainty, par les rhyolites
variées qui composent presque tout le massif, de même que la plupart des montagnes s'étendant ensuite de Ranomainty à Ifotaka.
Les rhyolites forment là un immense massif éruptif, l'un
des plus importants de ce genre que l'on connaisse et qui avait été
signalé par M. Gautier comme un gigantesque volcan basaltique.
J'ajouterai simplement les observations nouvelles que j'ai pu faire
sur ce massif.

Les rhyolites variées, tantôt à aspect vitreux, tantôt ponceuses, traversent les diabases ou s'épanchent à leur surface, dans la partie orientale du massif, comprise entre Tsivory, Analamainty et la rivière Tsivory. Ce sont des coulées rhyolitiques qui forment les grands escarpements du bord S. de la vallée de Tsivory et, plus loin, de celle du Mandrare.

Des coulées de rhyolites quartzifères, avec parties perlitiques ressemblant à des calcaires, se voient dans les berges de la rivière Tsivory, vers le chemin d'Ankazomena; des coulées plus épaisses existent vers la deuxième traversée de la rivière Tsivory, entre ce point et le poste.

Ce sont des roches foncées, à aspect vitreux, formées d'un verre foncé, à tendance sphérolitique en voie de dévitrification, avec cristaux d'orthose, un peu de pyroxène, du quartz pœcilitique; de la calcite se voit dans les cristaux de feldspath et à la place des cristaux de pyroxène.

Les rhyolites vitreuses, parfois schistoïdes, sont très répandues dans toute cette région. Elles forment, d'ailleurs, une auréole étendue autour de ce massif, compris entre Tsivory, la rivière Tsivory et le Mandrare, à l'E., et la boucle du Mandrare à Ifotaka, au S.

On les retrouve d'une façon presque continue au S.E., jusqu'à 1.500 mètres au N. de Behara, où des rhyolites vitreuses, à cristaux corrodés de quartz, à fins microlites d'orthose et rares grains de pyroxène disséminés dans un abondant verre jaune, forment des coulées étendues.

On les voit à l'O. et au S. d'Ifotaka; elles forment notamment la majeure partie d'un plateau, à l'E. de la mare de Limpokento.

Dans le S. O., au voisinage de la colline de l'Anabohitsy, j'ai ramassé en surface un échantillon d'une rhyolite pyroxénique vitreuse que je n'ai pu voir en place.

De même, vers sept heures de marche au N. de Ranohira, avant Marandra, on remarque, à la surface des grès et schistes triasiques, des galets aplatis d'une roche ressemblant à un calcaire et qui est une rhyolite augitique très vitreuse, que je n'ai pas vue en place.

La région du Fonjahy est particulièrement riche en rhyolites, associées, comme on l'a vu plus haut, aux microgranites et micropegmatites. Des dykes nombreux au milieu des grès apparaissent dans le soubassement du massif, entre le Fonjahy et Morafenobe. Ce sont des roches blanches, à grain fin, formées d'une masse spongieuse, parfois dentelliforme, à tendance sphérolitique, avec quelques grains de quartz, d'orthose, de magnétite disséminés.

A l'O. du massif, à trois quarts d'heure au N. de Bedrietsy, sur le chemin de Mafebony, des filons de rhyolite jaune, compacte, à grain fin, s'observent dans les grès. La roche est formée de phénocristaux corrodés de quartz dans une pâte dévitrifiée, à tendance sphérolitique, composée de quartz, de feldspath et un peu de pyroxène.

A une heure et quart à l'E. de Bedrietsy, sur le chemin de Morafenobe, une rhyolite sphérolitique blanche, parfois à apparence calcaire, traverse les grès. C'est une roche formée de cristaux de quartz dans une pâte spongieuse, dentelliforme, silicifiée secondairement, avec filonnets ramifiés de calcédonite.

J'ai déjà signalé le très grand filon qui, à deux heures d'Ambalarano, détermine une arête N. N. O. de plus de 20 kilomètres de long. A l'intérieur, ce filon est formé par une micropegmatite ; mais la surface, au voisinage des grès schisteux jaunes non dérangés qui entourent ce massif et le surmontent, est une rhyolite claire à grands cristaux de quartz, parfois corrodés, dans une pâte microcristalline, formée de quartz, d'orthose et de quelques grains d'augite.

A 4 kilomètres à l'O. de Morafenobe, un grand neck rhyolitique N.-E., de plus de 40 mètres d'épaisseur, se dresse à travers les grès et schistes. Le neck est légèrement incliné à l'O. Au mur, à l'E., on observe une roche grise à taches blanches, formée de quartz dihexaédrique dans une pâte dévitrifiée, à tendance micropegmatitique, de quartz et d'orthose. C'est une rhyolite pétrosiliceuse. Au-dessus, vient une rhyolite sphérolitique un peu plus claire qui, à l'œil nu, montre déjà une structure sphérolitique ; c'est une roche vitreuse formée d'un verre spongieux, divisé en sphérolites englobant des cristaux de quartz corrodés et d'orthose limpide. Puis vient une très belle rhyolite vitreuse, obsidiennique, un pechstein, de couleur foncée, avec cristaux assez grands. Le verre jaune, craquelé, renferme des cristaux de quartz et d'orthose corrodés. Dans le verre on aperçoit des longulites. Enfin, au toit du dyke, en contact avec les grès, est une rhyolite pétrosiliceuse blanche, formée de quartz et d'orthose, dans une masse spongieuse, à tendance sphérolitique, composée des mêmes éléments.

Ces rhyolites se poursuivent au N. de Morafenobe. A deux heures et demie de marche, un dyke est formé par une rhyolite pyroxénique vitreuse, bleu noir. Cette roche renferme, dans un verre assez clair, fendillé, des phénocristaux de quartz et d'orthose, avec très fins cristallites (trichites) d'orthose, disposés perpendiculairement aux faces des cristaux d'orthose; il y a quelques grains de pyroxène.

Cette roche est accompagnée d'une rhyolite pétrosiliceuse blanche, formée de grands cristaux de quartz corrodés et d'orthose, dans un verre complètement dévitrifié, spongieux, parfois micropegmatitique, composé des mêmes éléments.

Je n'ai plus observé de rhyolites au N. de cette région du Fonjahy. Si les rhyolites sont très abondantes sous forme de dykes dans les grès et schistes du substratum, nulle part je ne les ai vues dans le cœur du massif, en rapport avec les gabbros.

Il est intéressant de noter le développement de cette série des microgranites, micropegmatites et rhyolites dans la région du Fonjahy et la parenté très nette qui existe entre ces roches, que l'on doit considérer comme des structures différentes d'un même magma.

Les caractéristiques chimiques de la plupart de ces roches viennent d'être fixées par M. Lacroix dans une note fondamentale pour la pétrographie de la région Sakalave [1].

GRANITES SODIQUES.

Des roches semblables, très développées dans le N. O. de Madagascar, à Nossi-be et dans la Grande-Terre, vers Ampasindava, ont été étudiées en détail par M. Lacroix qui leur a consacré deux Mémoires fondamentaux (*Nouvelles Archives du Muséum*, 4ᵉ série, t. IV, p. 1-214, 10 pl., 1902; t. V, p. 171-254, 8 pl., 1903) auxquels je renverrai.

M. Lacroix a donné dans son premier Mémoire (p. 88) la description d'un granite à ægyrine, provenant de l'Ambongo, qui lui avait été remis par M. E. Gautier:

« C'est une roche à grains moyens, dans laquelle on distingue à l'œil nu, au milieu de quartz blanc et de feldspath jaunâtre, de petites baguettes vert d'herbe d'ægyrine.

« Elle est microlitique et très quartzeuse; ses feldspaths sont

[1] A. LACROIX, Sur les roches rhyolitiques et dacitiques de Madagascar et en particulier sur celles de la région Sakalave (*C. R. Académie des Sciences*, t. 157, p. 14 [7 juillet 1913]).

constitués par de l'anorthose et de l'orthose, associées en microperthite entre elles et de l'albite. Les grands cristaux d'ægyrine sont antérieurs au quartz ou contemporains de celui-ci qui moule les feldspaths. Ils présentent, dans un même individu, de remarquables variations de couleur, allant du vert pâle au jaune foncé, sans que les extinctions soient notablement distinctes dans les zones diversement colorées. Il existe en petite quantité une amphibole d'un vert bleuâtre, en partie transformée en ægyrine. »

Le massif de l'Ambohitrosy est presque uniquement formé par ces granites à ægyrine. En dehors de l'Ambohitrosy, je n'ai observé qu'un seul gisement de granite sodique, dans la partie orientale du Fonjahy, où une grande masse de gabbro micacé est traversée, avec d'autres filons, par un petit filon de 10 centimètres d'épaisseur, d'une roche blanche à grain fin, formée de quartz et d'orthose faculée d'albite en association micropegmatitique, avec un peu de mica noir et d'ægyrine; c'est un granite alcalin à structure micropegmatitique.

J'ai recueilli, en revanche, dans le massif de l'Ambohitrosy, de nombreux échantillons qui se rapprochent pour la plupart du type décrit par M. Lacroix. Je renverrai, pour l'indication précise des points où ont été prélevés les roches, au croquis relevé par le lieutenant Hénon.

La partie septentrionale du massif A est formée, à la base et jusqu'à mi-côte, par des diabases et, à la partie supérieure, par des granites à amphibole alcaline qui semblent les traverser. La roche grise, à grains moyens, montre, à l'œil nu, des cristaux de feldspath, de quartz et d'une amphibole brune. Au microscope, on voit de grands cristaux d'orthose faculée d'albite et de quartz, englobant des cristaux d'une amphibole pléochroïque, de jaune clair à vert, à extinction inférieure à 10°.

Au voisinage, et sans qu'il soit possible d'établir une ligne de démarcation, affleure un granite à peu près semblable à l'œil nu, mais avec enclaves. C'est une roche grenue formée d'orthose faculée d'albite, de quartz, d'augite ægyrinique en plages ou en grains inclus dans les feldspaths; les enclaves sont plus basiques, à structure microgrenue, et renferment surtout de l'amphibole sodique.

Un autre granite à éléments plus gros est formé de cristaux d'orthose et d'albite, d'augite ægyrinique avec amphibole sodique et très peu de quartz.

En ce point on peut recueillir des échantillons d'un granite à amphibole sodique qui provient de l'altération d'un granite à ægyrine. La roche est formée surtout de grands cristaux d'orthose-albite avec un peu de quartz souvent inclus dans le feldspath et d'une amphibole sodique (pléochroïque de jaune à vert, extinction vers 20° à droite de la trace de h^1) provenant de l'altération de l'ægyrine.

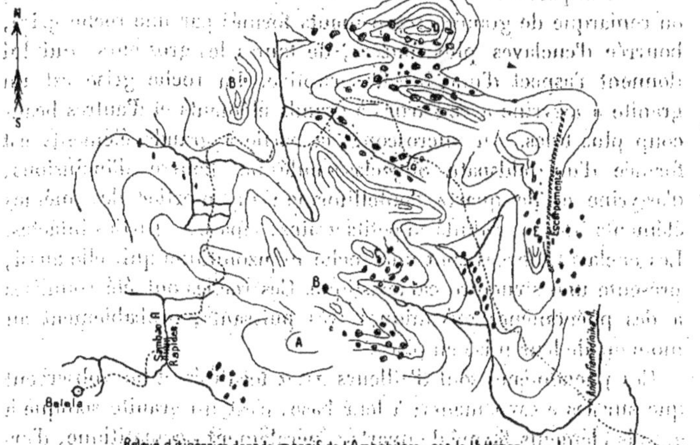

Relevé d'itinéraire dans le massif de l'Ambohitrosy par le Lt Hénon

1:45000

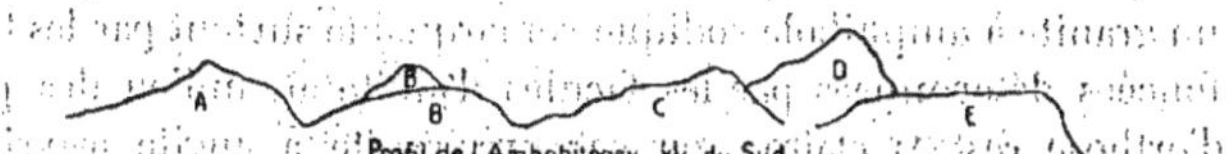

Profil de l'Ambohitrosy, vu du Sud

Le sommet B est en granite à ægyrine à grands éléments, formé d'orthose faculé d'albite, de quartz, d'ægyrine altérée, de magnétite ou d'ilménite.

L'arête qui relie les deux montagnes A et B à l'O. est aussi en granite à ægyrine à grain plus fin, à structure grenue, passant à la structure granitique, formé de grands cristaux d'orthose et d'albite associés en microperthite, un peu de quartz, d'ægyrine, d'amphibole sodique et de magnétite, généralement en rapport avec l'ægyrine.

La base du massif **B'** au N., entre **B'** et **B**, est en granite à ægyriné et amphibole sodique. C'est une roche grenue à grands éléments, formée surtout d'orthose faculée d'albite, de quartz, d'augite ægyrinique, d'une amphibole sodique voisine de la riebeckite, très pléochroïque (presque noir opaque suivant n_p, brun clair suivant n_g); des parties finement grenues sont une association graphique d'augite ægyrinique et de feldspath.

Dans la partie médiane du versant septentrional de ce massif B', on remarque de grands escarpements formés par une roche grise, bourrée d'enclaves plus foncées, de toutes les grosseurs, qui lui donnent l'aspect d'une brèche éruptive. La roche grise est un granite à ægyrine avec parties à grands éléments et d'autres beaucoup plus fines. Au microscope, la partie à grands éléments est formée d'un feldspath oligoclase-andésine bourré d'inclusions, d'ægyrine et de quartz dentelliforme ; un mortier des mêmes éléments broyés, réduits en petits grains, sépare les parties intactes. Les enclaves foncées sont une roche monzonitique qui, elle aussi, présente une structure cataclastique. Ces roches ont été soumises à des phénomènes mécaniques très puissants, probablement au moment de leur mise en place.

Ces phénomènes sont d'ailleurs assez localisés et ne s'observent que sur les escarpements; à leur base, c'est un granite sodique à grands éléments formé de quartz généralement pegmatitique, d'orthose faculée d'albite, d'augite ægyrinique altérée avec du sphène abondant.

Entre B' et C existe une arête constituée, suivant les points, par un granite à amphibole sodique remarquable surtout par les bandes foncées déterminées par les facules d'albite au milieu des parties d'orthose restées claires, ou par un granite à augite ægyrinique formé de grandes plages d'une microperthite d'orthose et d'albite renfermant en alignements rectilignes des grains d'augite ægyrinique, de magnétite, de quartz et un peu de mica.

Certaines parties de ce granite à pyroxène sont à très grands éléments et forment une véritable *pegmatite graphique à ægyrine* avec microperthite d'orthose et d'albite entourant le quartz et un peu d'ægyrine. Cette pegmatite est une simple différenciation locale des granites qui, ici, paraissent traversés par des gabbros ouralitisés.

A l'extrémité S. O. du massif D, le plus élevé et inaccessible par le S., j'ai recueilli des roches paraissant éboulées de ce sommet et qui sont formées par les mêmes granites à augite ægyrinique partiellement altérée en produits ferrugineux.

Enfin le flanc occidental du plateau E, qui occupe la partie S. E. du massif est encore formé par les mêmes granites à amphibole sodique.

Il n'a pas été possible sur le terrain de séparer les granites à ægyrine ou à augite ægyrinique des granites à amphibole sodique. Ægyrine, augite ægyrinique et amphibole sodique se trouvent d'ailleurs fréquemment associées dans la même roche.

Quant à l'âge exact de ces granites sodiques, il est difficile de le préciser. Les granites traversent, au S. du massif, les grès et schistés d'âge infraliasique ou liasique ; à l'extrémité N. E., ces granites traversent de même les calcaires bruns à Foraminifères appartenant au Lias supérieur.

On peut donc affirmer seulement que les granites sodiques sont plus récents que le Lias supérieur.

Il est intéressant de constater que l'étude de la région à roches sodiques du N. O. a conduit M. Lemoine, puis M. Lacroix, à la même conclusion. Il est très probable que le massif de l'Ambohitrosy et peut-être aussi celui du Fonjahy sont synchroniques des massifs de Nossi-be et de la région d'Ampasindava.

En résumé, trois régions volcaniques importantes ont été étudiées dans le S. et l'O. : le massif volcanique de l'Androy au S. de Tsivory, le Fonjahy et l'Ambohitrosy.

Le massif de l'Androy est caractérisé surtout par des roches rhyolitiques, microgranites, micropegmatites et rhyolites, traversant ou recouvrant un massif un peu plus ancien de roches plus basiques, diabases, andésites et labradorites.

C'est certainement l'un des plus grands massifs rhyolitiques connus, puisque ses coulées avec projections s'étendent depuis Tsivory jusque vers Behara, sur plus de 100 km. Ses dernières éruptions sont assez récentes et datent probablement de l'Éocène ou du Miocène si, comme on peut le supposer, les calcaires traversés sont bien du même âge aquitanien que les grès calcaires du Faux-Cap.

Autour de ce massif, on observe avec les diabases, les andésites et les labradorites, des norites et des néphélinites à l'O., entre

Antanimora, Ankoba et Bekily; et aussi des gabbros à l'O. d'Antanimora, et enfin des troctolites avec pyroxénites à olivine, à la colline d'Anabohitsy, au S. d'Ampanihy.

A part les andésites signalées en 1911, le long de la faille du Sakondry, à l'E. de Tuléar et datant du Crétacé, il faut remonter très loin dans le N. pour rencontrer de nouvelles roches éruptives. C'est d'abord la grande coulée de basalte à l'O. d'Antsoa, au S. de la Tsiribihina; puis les très nombreux dykes de diabases, andésites et labradorites, de la région présumée pétrolifère, entre Ankavandra, Folaka et Morafenobe.

Là se trouve le grand massif laccolitique du Fonjahy, formé de gabbros, avec variétés micacées à olivine, de troctolite, traversées par des filons de labradorites et aussi par un filon de granite sodique.

Bien que les relations exactes n'aient pu être observées, il est probable que la mise en place de ces gabbros, avec l'émission des filons de diabase, d'andésite ou de labradorite, est un peu postérieure aux éruptions rhyolitiques qui ont dû être considérables à en juger par l'importance des masses profondes de microgranite et de micropegmatite et des très nombreux filons de rhyolites.

Tous les phénomènes éruptifs du Fonjahy sont postérieurs aux grès et sables de l'Infralias et du Lias, qu'ils soulèvent ou traversent, comme on le constate au bord oriental du Fonjahy.

On observe peu de roches éruptives entre le Fonjahy et l'Ambohitrosy.

Le massif de l'Ambohitrosy est formé surtout de granites sodiques qui semblent avoir traversé quelques gabbros et des diabases accompagnées d'andésites ou de labradorites.

Au voisinage de l'Ambohitrosy existent des micropegmatites, quelques diabases quartzifères, des monzonites qui s'observent aussi en enclaves dans les granites sodiques.

Les roches sodiques de l'Ambohitrosy, comme les roches semblables du N.O. de Madagascar, étudiées par M. Lacroix, sont postérieures au Lias supérieur.

Enfin, au N. de l'Ambohitrosy, on trouve quelques gabbros, andésites ou labradorites; puis, en s'éloignant, on ne voit plus, dans le N. de l'Ambongo et le Boueni, sur le parcours suivi, que de rares filons de labradorites ou andésites. Il faut arriver au

Tsitondroina pour retrouver des phénomènes éruptifs importants.
Les grands plateaux notamment de la région Soalala, Hopy, Sitampiky, Andranomavo qui ont été représentés à tort comme d'im-
menses coulées volcaniques, sont formés de tables de grès infra-
crétacés, avec très rares filons andésitiques ou labradoritiques.

BIBLIOGRAPHIE.

La bibliographie des travaux géologiques concernant Madagascar et antérieurs à 1911 est donnée d'une manière très complète dans la remarquable *Monographie de Madagascar* par M. Lemoine, parue dans *Handbuch der Regionalen Geologie,* VII Band, 4 Abt. Heidelberg 1911.

Il convient d'ajouter depuis cette époque, pour la région étudiée dans le présent mémoire :

Evesque et Bonnefond, Rapport sur les charbons de l'Ienapera (*Bull. économique de Madagascar,* 1ᵉʳ semestre 1911).

Giraud, Sur les roches éruptives du Sud de Madagascar (*C. R. Acad. des Sciences,* t. CLIV, p. 1298; 13 mai 1912);

— Sur la géologie du Sud de Madagascar (*Ibid.,* t. CLIV, p. 1545; 3 juin 1912).

Lacroix, *Minéralogie de la France et de ses colonies,* t. V, 2ᵉ supplément 1913, qui renferme de nombreuses données nouvelles sur la minéralogie et les gisements malgaches;

— Les volcans du centre de Madagascar; le massif de l'Itasy (*C. R. Acad. des Sciences,* p. 313, 5 février 1912);

— Les volcans du centre de Madagascar; le massif de l'Ankaratra (*Ibid.,* p. 476, 19 février 1912);

— La tourmaline noire des environs de Betroka (Madagascar) [*B. S. F. M.,* t. XXXV, n° 3, p. 123, avril-mai 1912];

— Sur les roches rhyolitiques et dacitiques de Madagascar et en particulier sur celles de la région sakalave (*C. R. Acad. des Sciences,* t. CLVII, p. 14; 7 juillet 1913);

— Les cipolins de Madagascar et les roches silicatées qui en dérivent (*Ibid.,* t. CLVII, p. 358; 11 août 1913).

Merle, *Explorations minières dans le Centre et l'Ouest de Madagascar,* Paris, Dunod et Pinat, 1912.

R. Zeiller, Sur une flore triasique découverte à Madagascar, par M. Perrier de la Bathie (*C. R. Acad. des Sciences,* 24 juillet 1911, p.230).

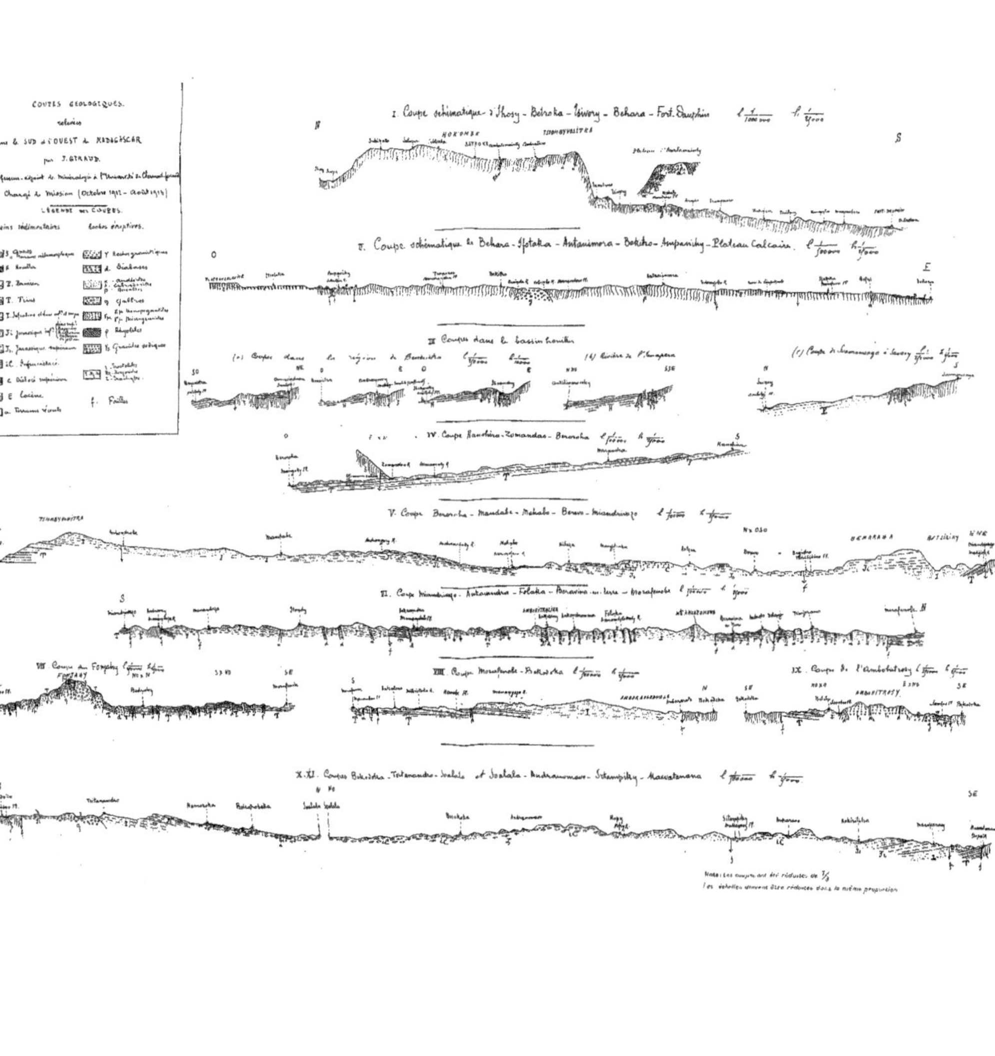

COUPES GÉOLOGIQUES
relevées
dans le SUD et l'OUEST de MADAGASCAR
par J. GIRAUD
Professeur-adjoint de Minéralogie à l'Université de Clermont-Ferrand
Chargé de Mission (Octobre 1912 – Août 1914)
LÉGENDE des COUPES
Terrains sédimentaires
Roches éruptives
I. Coupe schématique d'Ihosy – Betroka – Tsivory – Behara – Fort-Dauphin
II. Coupe schématique de Behara – Ifotaka – Antanimora – Bekiho – Ampanihy – Plateau Calcaire
III. Coupe dans le bassin houiller
IV. Coupe Ranohira – Zomandao – Benenoha
V. Coupe Benenoha – Mandabe – Mahabo – Berevo – Miandrivazo
VI. Coupe Miandrivazo – Antanandava – Folaka – Ramoriva-en-terre – Morafenobe
VII. Coupe du Fonghy
VIII. Coupe Morafenobe – Betioka – Soalala
IX. Coupe de l'Ambatobotsosy
X. XI. Coupes Bekodoka – Tolanandro – Soalala et Soalala – Andranomavo – Sitampiky – Maevatanana

TABLE DES MATIÈRES.

SE TROUVE À PARIS

À LA LIBRAIRIE ERNEST LEROUX

RUE BONAPARTE, 28